Iles volcaniques

OBSERVATIONS GÉOLOGIQUES

SUR LES

ILES VOLCANIQUES

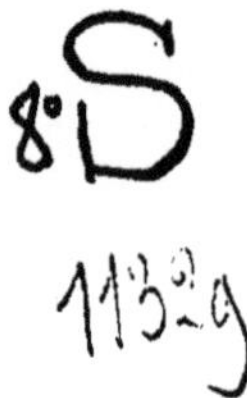

ERRATUM

Page 85, ligne 4, supprimez le mot *Stel*.

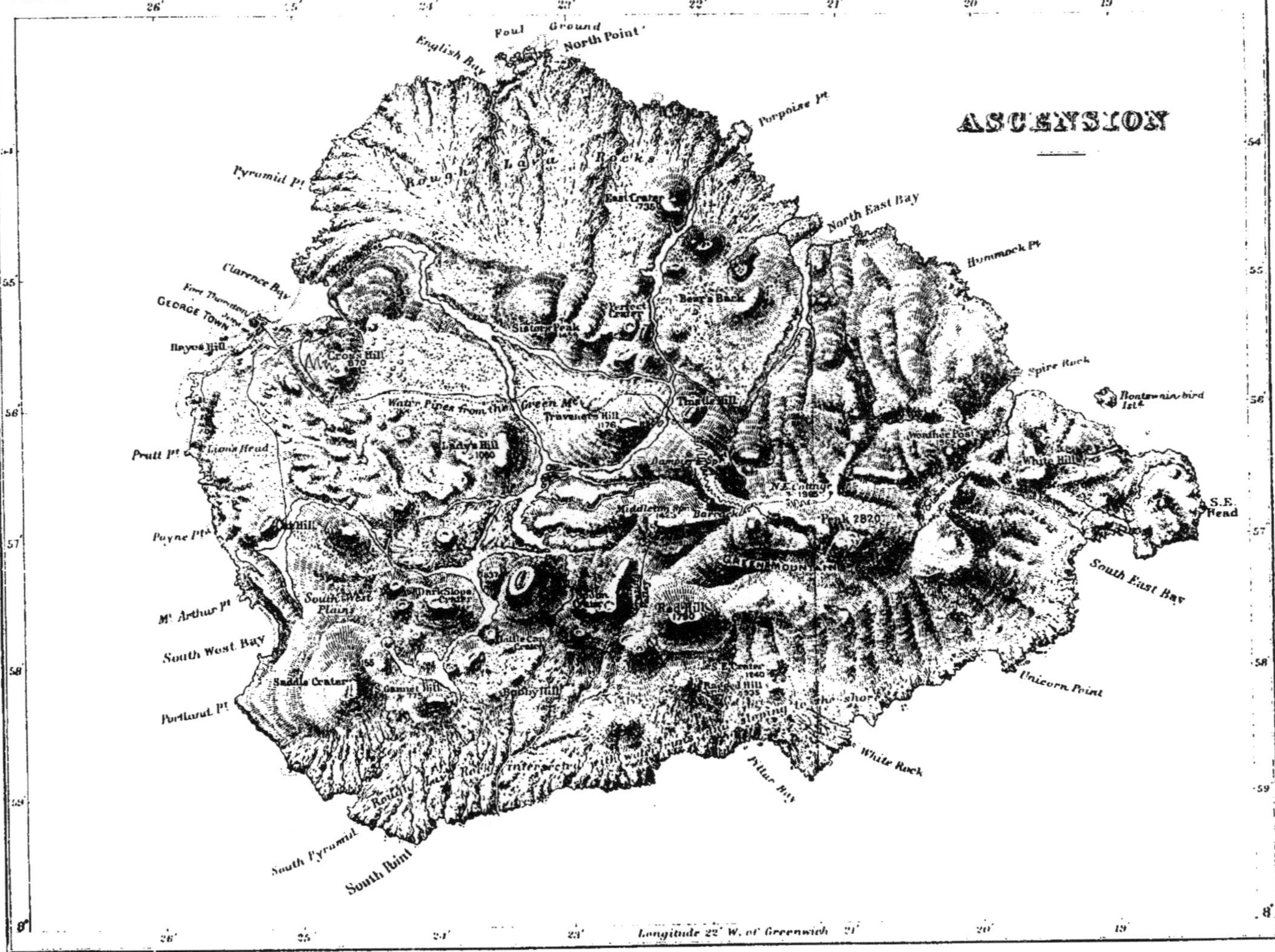

ASCENSION
Foul Ground
English Bay
North Point
Porpoise Pt
Pyramid Pt
Rough Lava Rocks
East Crater
North East Bay
Hummock Pt
Clarence Bay
Fort Thornton
GEORGE TOWN
Boyes Hill
Cross Hill
570
Sisters Peak
Perfect Crater
Bear's Back
Spire Rock
Boatswainbird Islt
Water Pipes from the
Green Mt
Traveller's Hill
1176
Thistle Hill
Weather Post
1505
White Hill
Pratt Pt
Lion's Head
Lady's Hill
1060
N.E. Cottage
1905
S.E. Head
Payne Pt
Hill
Middleton
2820
South East Bay
Richmond
Mt Arthur Pt
South West Plains
Dark Slope Crater
Red Hill
1748
Unicorn Point
South West Bay
Saddle Crater
Gannet Hill
Booby Hill
E. Crater
1640
Ragged Hill
535
White Rock
Portland Pt
sloping to the shore
Rough
Pillar Bay
South Pyramid
South Point
Longitude 22° W. of Greenwich

OBSERVATIONS GÉOLOGIQUES

SUR LES

ILES VOLCANIQUES

EXPLORÉES PAR L'EXPÉDITION DU " BEAGLE "

ET

NOTES SUR LA GÉOLOGIE DE L'AUSTRALIE ET DU CAP DE BONNE-ESPÉRANCE

PAR

Charles DARWIN

TRADUIT DE L'ANGLAIS SUR LA TROISIÈME ÉDITION

PAR

A.-F. RENARD

PROFESSEUR A L'UNIVERSITÉ DE GAND

Avec 14 figures et 1 planche.

PARIS

LIBRAIRIE C. REINWALD

SCHLEICHER FRÈRES, ÉDITEURS

15, RUE DES SAINTS-PÈRES, 15

1902

a

AVANT-PROPOS DU TRADUCTEUR

L'œuvre de Darwin comprend, outre ses travaux biologiques, trois ouvrages consacrés spécialement à la géologie. Ils ont paru sous le titre général de *Géologie du Voyage du Beagle* (1) et forment comme une trilogie embrassant l'étude des constructions coralliennes, des îles volcaniques et de la géologie de l'Amérique méridio-

(1) La mise en œuvre des observations et des matériaux géologiques amassés par Darwin pendant l'Expédition du *Beagle* (décembre 1831 à octobre 1836) s'étend sur une période de quatre ans, de 1842 à 1846. Son livre sur les îles volcaniques, commencé en été 1842, fut terminé en janvier 1844 ; six mois après, il mettait sur le métier ses observations sur la géologie de l'Amérique du Sud, qu'il achevait d'écrire en avril 1845. Durant la période qui s'étend de 1846 à 1854, il fit paraître une série de travaux secondaires se rattachant à la géologie et qui portent *sur les poussières tombées sur les navires dans l'Océan Atlantique* (Geol. Soc. Journ. II, 1846, pp. 26-30), *sur la géologie des îles Falkland* (Geol. Soc. Journ. II, 1846, pp. 267-274), *sur le transport des blocs erratiques*, etc. (Geol. Soc. Journ. IV, 1848, pp. 315-323), *sur l'analogie de structure de certaines roches volcaniques avec celles des glaciers* (Edinb. Roy. Soc. Proc. II, 1851, pp. 17-18). Les deux volumes de son mémoire sur les Cirripèdes parurent en 1851 et 1854 ainsi que ses monographies des Balanidés et des Vérrucidés fossiles de la Grande-Bretagne.

nale. De ces publications, la seule qui ait été traduite en français est celle sur les îles coralliennes, étude magistrale où se sont révélées pour la première fois la grandeur de conception, la puissance et la pénétration de cet incomparable observateur (1).

Je me suis proposé de compléter la traduction des œuvres géologiques de Darwin et je publie aujourd'hui ses *Observations sur les îles volcaniques*, qui seront suivies par ses études sur la géologie de l'Amérique du Sud. Ces ouvrages, qui ont paru en 1844 et 1846, constituent un ensemble avec le *Journal d'un Naturaliste*, dont ils développent les passages essentiels sous une forme plus technique. Ces pages, moins descriptives et pittoresques de facture, réclamées telles en quelque sorte par les sujets plus spéciaux dont elles traitent, n'ont pas, quoique d'une portée assez haute cependant pour consacrer, à elles seules, la réputation de l'Auteur, attiré l'attention générale comme l'ont fait son attachant *Journal d'un Naturaliste* et son livre sur la *Structure et la Distribution des îles coralliennes*. D'autre part, ces recherches géologiques sont de Darwin avant le Darwinisme : elles ont précédé de près de quinze ans l'*Origine des espèces* et ses travaux biologiques qui marquent une date dans l'histoire des sciences.

Ces œuvres révélatrices dévoilaient la nature organique sous un jour où elle avait été à peine entrevue ; il en découlait des conclusions d'une si considérable portée dans tous les ordres d'idées, elles ébranlaient si profondément les préjugés et l'erreur, elles projetaient de si vives clartés sur tant de problèmes restés insolubles, que durant la dernière moitié du XIX⁰ siècle au-

---

(1) Darvin, *les Récifs de corail, leur structure et leur distribution*. Trad. de l'anglais d'après la 2⁰ édition, par L. Cosserat, Paris, 1878.

cune conception ne s'imposa davantage à la pensée,
n'y laissa une impression plus profonde et ne suscita des
controverses plus passionnées. On comprend qu'au
milieu du déchaînement d'injures et de sarcasmes qui
accueillirent l'idée de l'évolution telle que la formulait
le Maître, dans l'ardeur de la courageuse défense dont
elle fut l'objet et dans le triomphe final de la théorie
évolutioniste, on perdit peut-être trop de vue le rôle
prépondérant que Darwin a joué comme l'un des fonda-
teurs des sciences géologiques. Les recherches du début
de sa carrière furent comme noyées dans la gloire de ses
plus récentes découvertes.

Cependant ces études et ces travaux géologiques ont
eu une influence directrice sur la pensée du naturaliste
anglais, et peut-être n'est-il pas hors de propos, en présentant cette traduction, d'insister sur ce fait. On peut
dire, en effet, que les recherches géologiques auxquelles
ce savant s'est livré avant d'aborder la publication de
l'*Origine des espèces* l'avaient admirablement préparé à
la conception de l'œuvre capitale qu'il devait édifier. Il
est incontestable que c'est dans la connaissance du monde
inorganique et de son développement, dans l'observation
immédiate des phénomènes géologiques, dans l'application constante des principes de l'école de Hutton et de
Lyell dont il fut un des premiers adeptes, qu'on peut
voir, sinon le point de départ et l'orientation de ses théories biologiques, du moins une des bases sur lesquelles
il les établit.

C'est du reste ce qu'il déclare lui-même, avec cette
noble modestie qui a caractérisé toute son existence,
quand il écrit en tête de son *Journal*, dans sa dédicace à
Lyell, que le mérite principal de ses œuvres a sa source
dans l'étude qu'il a faite des *Principes de Géologie*. C'est
là qu'il a pu puiser, en effet, cette notion des causes

actuelles, fondamentale pour sa doctrine, suivre leur action dans les périodes anciennes et rattacher l'un à l'autre les phénomènes dont la terre fut le théâtre. C'est à la lumière nouvelle que ce livre avait faite dans son esprit qu'il a pu embrasser, comme nul autre avant lui, l'immense durée des temps géologiques et de la succession des faunes et des flores. Or, ces considérations constituent quelques-unes des pierres angulaires du grandiose édifice qu'est le Darwinisme.

Tous les naturalistes connaissent les deux chapitres x et xi de l'*Origine des Espèces*, sur *l'insuffisance des données paléontologiques* et sur *la succession géologique des êtres organisés*, où Darwin traite des questions qui mettent en relation ses doctrines avec les données géologiques. L'une des plus hautes autorités contemporaines, Sir Archibald Geikie, les apprécie en ces termes : « Ces chapitres ont provoqué, dans les théories géologiques admises, la révolution la plus profonde qui se soit produite à notre époque » (1). Peu d'hommes de science, toutefois, savent quelles études avaient préparé l'Auteur à ces conceptions géniales sur l'histoire de la terre. Pour retrouver la marche de ces études, de cette longue et difficile préparation, il faut remonter aux travaux de Darwin sur *la Géologie du Beagle*. C'est là qu'on peut apprécier, dans leur expression technique, ces connaissances spéciales sur la nature des roches et sur la structure du globe qui servirent de base à ces généralisations. Quand on a lu et médité ces mémoires, fruit de tant de recherches faites dans un contact direct avec la nature, on comprend comment l'Auteur a pu résoudre ces problèmes fondamentaux avec le savoir et l'autorité incontestée qui le placent au premier rang parmi les initiateurs de la géologie.

(1) Sir Archibald Geikie, *The Founders of Geology*, p. 282. 1897.

Et ce qui témoigne hautement de la valeur de ces travaux de géologie pure, c'est qu'à côté de tant d'œuvres de cette époque tombées dans l'oubli ils ont résisté aux attaques du temps. Certes il y a mis son inévitable patine ; mais ils demeurent des modèles dont la matière d'un pur métal et la ligne harmonieuse et sévère commandent l'admiration. Ces mémoires témoignent à tous comment une intelligence maîtresse d'elle-même, en possession des connaissances spéciales réclamées par les sujets qu'elle aborde, douée d'une incomparable pénétration, s'entend à scruter la nature, à édifier la synthèse des faits et à la traduire d'une manière claire, concise qui frappe par sa simplicité même. Et pour ceux que leurs études ont préparés à pénétrer le détail de ces œuvres, qui peuvent se rendre compte des efforts qui accompagnent l'exploration de régions encore vierges, juger des procédés et des méthodes suivis pour atteindre les résultats, se replacer par la pensée au point où en était la science lorsque ces recherches furent faites, saisir le caractère original et neuf des considérations qui devancèrent leur temps et ont servi de point de départ aux généralisations futures, pour ceux-là l'œuvre géologique de Darwin sera placée parmi celles qui appartiennent à l'histoire de la géologie ; ils reliront ces pages avec admiration et fruit.

Chargé de décrire les matériaux recueillis par l'expédition du *Challenger*, j'ai été amené à me livrer à une étude attentive de l'œuvre géologique du naturaliste anglais : ce fut le cas, en particulier, pour ses *Observations sur les îles volcaniques*. Les savants qui avaient organisé cette célèbre croisière s'étaient assigné la mission d'aller explorer, à un demi-siècle d'intervalle, les îles de l'Atlantique étudiées lors du voyage du *Beagle*. Le *Challenger* aborda donc aux principaux points illustrés par les premières recherches de Darwin : les naturalistes de l'expédition, MM. Murray, Moseley, Buchanan et le Dr Maclean, purent se livrer ainsi sur le terrain à la constatation des faits signalés par Darwin et, se guidant par ses mémoires, recueillir aux gisements qu'il avait explorés des séries de roches analogues à celles sur lesquelles avaient porté ses investigations. On me fit l'honneur de me confier ces matériaux, et je les étudiai avec les ressources qu'offraient, au moment où j'abordai ce travail, les procédés modernes de la lithologie (1). Je dus, en me livrant à ces recherches, suivre ligne par ligne les divers chapitres des *Observations géologiques* consacrées aux îles de l'Atlantique, obligé que j'étais de comparer d'une manière suivie les résultats auxquels j'étais conduit avec ceux de Darwin, qui servaient de contrôle à mes constatations. Je ne tardai pas à éprouver une vive admiration pour ce chercheur qui, sans autre appareil que la loupe, sans autre réaction que quelques essais pyrognostiques, plus rarement quelques mesures au goniomètre, parvenait à discerner la nature des agrégats minéralogiques les plus complexes et les plus variés. Ce coup d'œil qui savait embrasser de si vastes horizons, pénètre ici profondément tous les détails lithologiques. Avec quelle sûreté et quelle exactitude la structure et la composition des roches

---

(1) Les mémoires que j'ai publiés sur la lithologie des îles explorées par Darwin lors du voyage du *Beagle* et par les naturalistes du *Challenger*, ont paru dans la collection des *Reports of the scientific Results of the voyage of H. M. S. Challenger* sous les titres *Petrology of Saint-Paul's Rocks* (Narr. vol. II, appendice B), 1882, *Petrology of volcanic Islands* (Phys. Chem. Part. VII) (vol. II, 1889). Les chapitres suivants de ce dernier mémoire portent spécialement sur les roches décrites dans *Geological Observations on volcanic Islands* de Darwin : II, *Rocks of the Cape de Verde Islands*, p. 13. IV, *Rocks of Fernando Noronha*, p. 29. V, *Rocks of Ascension*, p. 39. VII, *Rocks of the Falkland Islands*, p. 97.

ne sont-elles pas déterminées, l'origine de ces masses
minérales déduite et confirmée par l'étude comparée
des manifestations volcaniques d'autres régions ; avec
quelle science les relations entre les faits qu'il découvre
et ceux signalés ailleurs par ses devanciers ne sont-elles
pas établies, et comme voici ébranlées les hypothèses
régnantes, admises sans preuves, celles, par exemple, des
cratères de soulèvement et de la différenciation radicale
des phénomènes plutoniques et volcaniques! Ce qui achève
de donner à ce livre un incomparable mérite, ce sont les
idées nouvelles qui s'y trouvent en germe et jetées là
comme au hasard ainsi qu'un superflu d'abondance intel-
lectuelle inépuisable.

Et l'impression que j'exprime ici est celle qu'éprouvent
tous ceux qui se sont familiarisés avec les études de
Darwin sur les phénomènes volcaniques. On s'en convain-
cra dans les pages qui suivent et par lesquelles M. J. W.
Judd a fait précéder l'œuvre géologique du grand naturaliste éditée dans *The Minerva Library of famous
Books* (1). Parmi les géologues actuels, personne peut-
être n'a mieux connu Darwin et n'est plus à même de se
prononcer sur ses travaux que M. Judd : ses recherches
sur le volcanisme dans ses manifestations à l'époque présente et aux périodes anciennes de l'histoire du globe
sont si hautement appréciées qu'elles le désignaient pour
la mission que lui ont confiée les éditeurs de cette publication. Je tiens à les remercier ici, ainsi que mon savant
ami M. Judd de l'autorisation qu'ils m'ont si obligeamment
accordée de placer cette Introduction en tête du volume
que je publie aujourd'hui. Elle m'a paru présenter un

(1) *Distribution and Structure of coral rocks, Geological Observations on volcanic Island and parts of South America*, by Ch. Darwin,
with Introduction by J. W. Judd, Professor of Geology in the
Normal School of Science, South Kensington.

intérêt très vif en rappelant, comme elle le fait, les circonstances dans lesquelles fut écrit ce livre.

Je me suis efforcé de conserver religieusement à cette traduction la simplicité de l'original et j'ai mis tous mes soins à rendre la pensée de l'Auteur avec une scrupuleuse exactitude. J'ai maintenu les dénominations lithologiques qu'il avait adoptées, considérant qu'il s'agissait en cela d'un aspect historique à conserver.

En publiant cette traduction, mon but n'a pas été seulement de rappeler la haute valeur et la portée de l'œuvre géologique de Darwin, de compléter ainsi pour les lecteurs français la collection des œuvres de l'immortel naturaliste : j'ai voulu aussi, par mon modeste travail, rendre hommage à ce libérateur de la pensée qu'est Darwin, à ce paisible chercheur qui marcha simplement vers la vérité malgré les cris et les clameurs dont on essaya d'étouffer sa voix, à ce caractère vraiment élevé qui n'eut jamais en réponse aux insultes ineptes et haineuses que des paroles sereines. Mais la vérité marcha cette fois d'un pas rapide, et, durant les dernières années de sa noble et laborieuse existence, il put voir le triomphe de l'évolution, et assister à ce mouvement émancipateur des sciences naturelles qu'avaient provoqué ses doctrines.

Darwin a tracé la route qui menait vers des horizons nouveaux : le monde intellectuel tout entier s'y est engagé et ceux-là même qui le déclaraient jadis un esprit faux et superficiel, qui criaient bien haut que ses théories étaient radicalement inconciliables avec les dogmes et la morale, se sentant vaincus par l'universalité de la poussée évolutioniste, en sont réduits à une honteuse capitulation. Pour ceux-là, la marche triomphale du Darwinisme est une nouvelle et terrible défaite.

J'estime qu'il est bon de rappeler aux consciences ces héros de la vérité qui n'eurent d'autres armes que leur intelligence libérée des préjugés, leur raison éclairée, leur travail opiniâtre et calme et qui surent remplir au prix d'amertumes sans nombre la si difficile tâche d'avoir fait accomplir à la pensée humaine un pas en avant. Entre eux, Darwin est des premiers.

A.-F. RENARD.

INTRODUCTION

Pendant les dix années qui suivirent son retour en Angleterre, après son voyage autour du Monde, Darwin se consacra surtout à la préparation de la série d'ouvrages qui furent publiés sous le titre général de *Géologie du Voyage du Beagle*. Le second volume de la série comprend les *Observations géologiques sur les îles volcaniques, et les notes sur la géologie de l'Australie et du Cap de Bonne-Espérance*, il parut en 1844. Les matériaux de ce volume ont été réunis en partie au commencement du voyage, lorsque le *Beagle* fit escale à San Thiago dans l'archipel du Cap-Vert, aux Rochers de Saint-Paul et à Fernando Noronha ; mais surtout durant la croisière de retour ; c'est alors que Darwin étudia les îles Galapagos, qu'il traversa l'archipel des îles Pomotou et visita Tahiti. Après avoir touché à la Baie des Iles dans la Nouvelle-Zélande, ainsi qu'à Sydney, à Hobart-Town et à King George's Sound en Australie, le *Beagle*, traversant l'Océan Indien, fit voile vers le petit groupe des îles Keeling ou Cocos, célèbre par les observations qu'y a faites Darwin, et se dirigea ensuite vers l'île Maurice. Après une escale au Cap de Bonne-Espérance, le navire arriva successivement à Sainte-Hélène et à l'Ascension, et visita une seconde fois les îles du Cap-Vert avant de rentrer en Angleterre.

Le voyage pendant lequel Darwin eut l'occasion d'étudier tant de centres volcaniques intéressants, lui réservait au début une amère déception. Durant la dernière année de son séjour à Cambridge il avait lu le *Personal Narrative* de Humboldt et en avait extrait de longs passages relatifs à Ténériffe. Il avait recueilli un ensemble de renseignements en vue d'une exploration de cette île, lorsqu'on lui proposa d'accompagner le capitaine Fitzroy à bord du *Beagle*. Son ami Henslow lui avait conseillé, en le quittant, de se procurer le premier volume des *Principes de Géologie* qui venait de paraître, tout en le prémunissant contre les idées de l'auteur de cet ouvrage. Au commencement du voyage, Darwin, accablé par un violent mal de mer qui le confinait dans sa cabine, consacrait tous les instants de répit que lui laissait la maladie à étudier Humboldt et Lyell. On se figure sa déception, quand, au moment où le navire atteignait Santa-Cruz et où le Pic de Ténériffe apparaissait au milieu des nuages, on reçut la nouvelle que le choléra régnait dans l'île et empêchait tout débarquement.

Une ample compensation lui était réservée, cependant, quand le *Beagle* arriva à Porto-Praya dans l'île de San Thiago, la plus grande de l'archipel du Cap-Vert. Darwin y passa trois semaines dans des conditions favorables et c'est là qu'il commença, à proprement parler, son œuvre de géologue et de naturaliste. « Faire de la géologie dans une contrée volcanique, écrit-il à son père, est chose charmante ; outre l'intérêt qui s'attache à cette étude en elle-même, elle vous conduit dans les sites les plus beaux et les plus solitaires. Un amateur passionné d'histoire naturelle peut seul se représenter le plaisir qu'on éprouve à errer parmi les cocotiers, les bananiers, les caféiers et d'innombrables fleurs sauvages. Et cette île, qui a été pour moi si instructive et m'a prodigué tant de jouissances, est cependant l'endroit le moins intéressant, peut-être, de tous ceux que nous explorerons pendant notre voyage. Certes, elle est, en général, assez stérile, mais le contraste même fait apparaître les vallées admirablement belles. Il serait inutile de tenter la description de ce tableau ; aussi facile serait-il d'expliquer à un aveugle ce que sont les couleurs, que de faire comprendre à quiconque n'a jamais quitté l'Europe la différence frappante qui existe entre les paysages tropicaux et ceux de nos contrées. Chaque fois qu'une chose attire mon attention admirative, je la note soit dans mon journal (dont le volume augmente), soit dans mes lettres ; excusez mon enthousiasme mal traduit par des mots. Je constate que mes échantillons s'accroissent en nombre d'une manière étonnante, et je crois que je serai obligé d'en expédier, de Rio, une collection en Angleterre. »

Un passage remarquable de l'*Autobiographie*, écrite par Darwin en 1876, témoigne de l'impression ineffaçable que lui laissa cette première visite à une île volcanique. « La structure géologique de San Thiago est très frappante, quoique d'une grande simplicité. Une coulée de lave s'est étalée autrefois sur le fond de la mer, constitué par des débris de coraux et de coquilles récentes ; ces couches calcaires ont été soumises comme à une cuisson et transformées en une roche blanche et dure. L'île entière a été soulevée depuis cette époque, mais l'allure de la zone de roche blanche m'a révélé un fait nouveau et important : c'est qu'il s'est produit, plus tard, un affaissement autour des cratères qui avaient été en activité depuis le soulèvement. L'idée me vint alors, pour la première fois, que je pourrais peut-être écrire un livre sur la géologie des contrées que nous allions explorer, et cette pensée me fit tressaillir de joie. Ce fut pour moi une heure mémorable ; avec quelle netteté je me rappelle la petite falaise de lave sous laquelle je me tenais, le soleil éblouissant et torride, quelques plantes étranges du désert croissant aux alentours, et à mes pieds des coraux vivants, dans les lagunes inondées par la marée. »

Au moment de cette exploration, cinq années seulement s'étaient écoulées depuis l'époque où il suivait à Édimbourg les leçons du professeur Jameson, qui enseignait encore la doctrine Wernerienne. Darwin avait trouvé ces leçons « incroyablement ennuyeuses ». « Le seul effet qu'elles produisent sur moi, déclarait-il, c'est de me faire prendre la résolution de ne lire de ma vie un livre de géologie, ni d'étudier cette science de quelque manière que ce soit. »

Quel contraste avec les expressions dont il se sert en parlant de ses recherches géologiques, dans les lettres écrites à ses parents à bord du *Beagle !* Après avoir fait allusion au plaisir qu'il éprouve à rassembler et à étudier les animaux marins, il s'écrie : « Mais la géologie l'emporte sur le reste ! » Dans une lettre à Henslow, il dit : « La géologie m'entraîne ; mais, comme l'intelligent animal placé entre deux bottes de foin, je ne sais à laquelle donner la préférence : étudierai-je les roches cristallines anciennes ou les couches moins cohérentes et plus fossilifères ? » Et, lorsque son long voyage va se terminer, il écrit encore : « Je trouve à la géologie un intérêt qui ne faiblit jamais ; et, comme on l'a dit déjà, elle nous inspire des idées aussi vastes sur notre monde que celles que l'astronomie nous suggère sur l'ensemble des mondes. » Darwin fait évidemment allusion ici à un passage de Sir John Herschel dans son admirable *Introduction à l'étude de la philosophie naturelle*, œuvre qui exerça une influence très profonde et très heureuse sur l'esprit du jeune naturaliste.

La prédilection marquée que professait Darwin, durant et après le célèbre voyage du *Beagle*, pour les études géologiques, ne peut laisser aucun doute ; comme il est facile aussi de reconnaître quelle est l'école géologique dont il suivait les doctrines et dont l'enseignement, malgré les avertissements de Sedgwick et de Henslow, le dominait tout entier. Il écrivit en 1876 : « La première contrée que j'ai étudiée, l'île de San Thiago dans l'archipel du Cap Vert, m'a démontré clairement la remarquable

supériorité de Lyell, au point de vue géologique, sur
tous les auteurs dont j'avais emporté les œuvres ou que
j'ai étudiés depuis. » Et il ajoute : « La science géologique
a contracté une grande dette envers Lyell, elle lui doit
plus, je crois, qu'à personne au monde... Je suis fier de
me rappeler que la première contrée dont j'étudiai la
constitution géologique, San Thiago dans l'archipel du
Cap Vert, m'a convaincu de la supériorité infinie des
idées de Lyell sur celles que j'avais pu puiser dans tout
autre livre que les siens. »

Les passages que j'ai cités montrent dans quel
esprit Darwin commença ses études géologiques, et les
pages qui suivent fourniront des preuves nombreuses de
l'enthousiasme, de la pénétration et du soin avec lesquels ses recherches furent poursuivies.

Les collections de roches et de minéraux recueillies
par Darwin furent, au cours même de son voyage, en-
voyées à Cambridge et confiées à son fidèle ami Henslow. A son retour en Angleterre, après avoir revu sa
famille et ses amis, le premier soin de Darwin fut de
commencer l'étude de ces matériaux. Vers la fin de 1836,
il alla se fixer, pendant trois mois, dans un appartement
de Fitzwilliam street à Cambridge : il se rapprochait ainsi
d'Henslow et pouvait se livrer à l'examen des roches
et des minéraux qu'il avait réunis. Il fut puissamment
secondé dans cette étude par le professeur William
Hallows Miller, l'éminent cristallographe et minéralo-
giste.

Darwin ne commença réellement à écrire son livre sur
les îles volcaniques qu'en 1843, après s'être établi dans
la maison qu'il habita le reste de sa vie, sa célèbre résidence de Down dans le Kent. Dans une lettre du 28 mars
1843 à son ami M. Fox, il dit : « J'avance très lentement
dans la rédaction d'un livre, ou plutôt d'une brochure
sur les îles volcaniques que nous avons explorées ; je n'y
consacre qu'une couple d'heures chaque jour, et encore
d'une manière assez peu régulière. C'est une besogne

ingrate que d'écrire des livres dont la publication coûte de l'argent et que personne ne lit, pas même les géologues. »

Cette étude occupa Darwin pendant toute l'année 1843, et le livre fut publié au printemps de l'année suivante. D'après une note de son journal, le temps réellement consacré à la préparation de cet ouvrage s'étendit de l'été de 1842 jusqu'en janvier 1844. Lorsqu'il fut achevé, Darwin ne parut nullement satisfait du résultat obtenu. Il écrivait à Lyell : « Vous m'avez fait un grand plaisir en disant que vous aviez l'intention de parcourir mes *Iles volcaniques ;* ce livre m'a coûté dix-huit mois de travail ! Et à ma connaissance, rares sont les gens qui l'ont lu. Je sens cependant que le peu que renferme cet ouvrage, et c'est peu de chose en effet, aura son utilité en confirmant des hypothèses anciennes ou nouvelles, et que mon travail ne sera pas perdu. » Il écrivait à Sir Joseph Hooker : « Je viens de terminer un petit volume sur les îles volcaniques que nous avons explorées. J'ignore jusqu'à quel point la géologie pure et simple vous intéresse, mais j'espère que vous m'autoriserez à vous envoyer un exemplaire de mon ouvrage. »

Tout géologue sait combien ce livre de Darwin sur les îles volcaniques est intéressant et suggestif. La satisfaction médiocre qu'il semble inspirer à son auteur doit être probablement attribuée au contraste que Darwin sentait exister entre le souvenir des vives jouissances qu'il éprouvait lorsque, le marteau à la main, il errait dans des contrées nouvelles et intéressantes, et la tâche lente, laborieuse et moins conforme à ses goûts que lui imposaient la transcription et l'arrangement de ses notes sous forme de livre.

Lorsqu'en 1874 je décrivais les anciens volcans des îles Hébrides, j'eus fréquemment l'occasion de rappeler les observations de M. Darwin sur les volcans de l'Atlantique, pour expliquer les faits que nous montrent, dans nos propres îles, les restes de volcans anciens. Darwin, écrivant à son fidèle ami Sir Charles Lyell au sujet de mon travail, lui dit :« J'ai éprouvé une satisfaction bien vive en voyant citer mon livre sur les volcans, je le croyais mort et oublié. »

Deux ans plus tard, en 1876, on proposa à Darwin de publier une nouvelle édition des *Observations sur les îles volcaniques et sur l'Amérique du Sud*. Il hésita d'abord, car il lui semblait que ces ouvrages n'offraient plus actuellement qu'un intérêt médiocre ; il me consulta sur ce point au cours d'une des conversations que nous avions souvent ensemble à cette époque, et j'insistai fortement auprès de lui pour la réédition de ces livres. J'éprouvai une vive satisfaction lorsque, se rendant à mes instances. il consentit à ce qu'ils fussent publiés sans aucune modification du texte. Il écrit dans la préface de cette nouvelle édition : « Par suite des progrès récents de la géologie, mes idées sur quelques points pourront paraître un peu vieillies, mais j'ai cru préférable de les laisser telles qu'elles ont été publiées originairement. »

Peut-être ne sera-t-il pas sans intérêt d'indiquer brièvement les principaux problèmes géologiques sur lesquels le livre de Darwin *les Iles volcaniques* a jeté une nouvelle et vive lumière. Le principal mérite de ces recherches est d'avoir fourni des observations qui, non seulement, présentent un haut intérêt scientifique, mais dont quelques-unes ont permis de faire rejeter des erreurs couramment admises ; d'appeler l'attention sur des phénomènes et des considérations qui avaient été complètement négligés par les géologues, mais qui ont exercé depuis lors une grande influence sur la genèse des théories géologiques ; et, enfin, de faire ressortir l'importance qui s'attache à des causes faibles et insignifiantes en apparence, mais dont quelques-unes donnent la clef de problèmes géologiques du plus haut intérêt.

En visitant des contrées où von Buch et d'autres géologues avaient cru trouver la preuve de la théorie des « cratères de soulèvement », Darwin fut amené à démontrer que les faits pouvaient recevoir une interprétation tout à fait différente. Les idées émises d'abord par le célèbre géologue et explorateur allemand, et presque universellement admises par ses compatriotes, avaient été soutenues par Élie de Beaumont et par Dufrénoy, les chefs du mouvement géologique en France. Elles étaient pourtant vigoureusement combattues par Scrope et par Lyell en Angleterre, et par Constant Prévost et Virlet de l'autre côté de la Manche. Dans cet ouvrage, Darwin nous montre sur quelles faibles bases repose cette théorie d'après laquelle les grands cratères circulaires des îles de l'Atlantique devraient leur origine à des ampoules gigantesques de la croûte terrestre, qui, en crevant à leur sommet, auraient donné naissance aux cratères. Reconnaissant l'influence que l'injection de la lave exerce sur la structure des cônes volcaniques, en accroissant leur masse et leur hauteur, il montre qu'en général les volcans sont édifiés par des éjaculations répétées qui amènent une accumulation de matières éruptives autour de l'orifice.

Cependant, quoiqu'il arrivât aux mêmes vues générales que Scrope et que Lyell sur l'origine des cratères volcaniques ordinaires, Darwin vit clairement que, dans certains cas, de grands cratères peuvent s'être formés ou s'être agrandis par l'affaissement du plancher, à la suite d'éruptions. L'importance de ce facteur auquel les géologues avaient accordé trop peu d'attention, a été montrée récemment par le professeur Dana dans son admirable ouvrage sur le Kilauea et d'autres grands volcans de l'archipel hawaïen.

L'affaissement qui se produit autour d'un centre volcanique, et qui détermine le plongement des couches environnantes, a été mis en lumière pour la première fois par Darwin, comme résultat de son premier travail sur les îles du Cap-Vert. Des exemples frappants du même fait ont été signalés depuis en Islande par M. Robert et par d'autres, dans la Nouvelle-Zélande par M. Heaphy, et dans les îles occidentales de l'Écosse par moi-même.

A diverses reprises, Darwin appela l'attention des géologues sur le fait que les orifices volcaniques présentent entre eux des relations qu'on ne saurait expliquer sans admettre l'existence, dans la croûte terrestre, de lignes de fracture le long desquelles les laves se sont frayé un chemin vers la surface. Mais en même temps il vit clairement qu'il n'existait pas de preuves du passage de grands torrents de laves le long de ces fractures ; il montra comment les plateaux les plus remarquables, formés de nappes de laves successives, peuvent avoir été construits par des émissions répétées et modérées, émanant d'orifices volcaniques nombreux, distincts les uns des autres. Il insiste expressément sur la rapidité avec laquelle la dénudation peut faire disparaître les cônes de cendres formés autour des orifices d'éjaculation, et les traces d'émissions successives de laves.

L'un des chapitres les plus remarquables du livre est celui où l'auteur traite des effets de la dénudation déterminant l'érosion de l'appareil volcanique, au point de ne plus laisser subsister que des épaves ou tronçons ruinés de volcans. Il a eu l'occasion d'étudier une série de cas permettant de suivre toutes les gradations des formes volcaniques, depuis les cônes complets jusqu'aux masses bouchant les cratères, où elles s'étaient solidifiées. Les observations de Darwin sur ce sujet ont été de la plus haute valeur et du plus grand secours pour tous ceux qui se sont efforcés d'étudier les effets de l'action volcanique pendant les périodes anciennes de l'histoire de la terre.

Comme Lyell, Darwin était fermement convaincu de la continuité des actions géologiques, et c'était toujours avec une vive satisfaction qu'il constatait que les phénomènes du passé pouvaient s'interpréter par des causes actuelles. Au moment où Lyell se livrait, quelques mois avant sa mort, à ses derniers travaux géologiques sur les environs de sa résidence dans le Forfarshire, il écrivit à Darwin : « Toutes mes recherches ont confirmé ma conviction que la seule différence entre les roches volcaniques paléozoïques et récentes se réduit aux modifications qui ont dû se produire en raison de l'immense période de temps pendant laquelle les produits des volcans les plus anciens ont été soumis à des transformations chimiques. »

Lorsqu'après avoir achevé ses études sur les phénomènes volcaniques, Darwin entreprit l'examen des grandes masses granitiques des Andes, il fut vivement frappé des relations qui unissent les roches dites plutoniques et les roches d'origine incontestablement volcanique. On doit dire à ce sujet que les circonstances mêmes dans lesquelles se fit la croisière du *Beagle* furent très favorables à Darwin dans ses études sur les roches éruptives. Après avoir observé des types nettement caractérisés de la série récente, il alla étudier dans l'Amérique du Sud de remarquables gisements de masses ignées anciennes très cristallines et, dans le voyage de retour, il put revoir les roches volcaniques récentes, raviver ainsi ses premières impressions et établir des relations entre ces deux types lithologiques.

Il exposa quelques-unes des considérations générales que ces observations lui avaient suggérées, dans un travail qu'il lut à la Société Géologique le 17 mars 1838, et qui portait comme titre : *Du rapport de certains phéno mènes volcaniques, de la formation des chaînes de mon tagnes, et des effets des soulèvements continentaux.* La relation entre ces deux ordres de faits est discutée d'une manière plus approfondie dans son livre sur la géologie de l'Amérique du Sud.

Les preuves d'un soulèvement récent constatées sur les côtes d'un grand nombre d'îles volcaniques amenèrent Darwin à conclure qu'en général les aires volcaniques sont des régions de soulèvement ; et il fut conduit, naturellement, à les opposer aux aires dans lesquelles, comme il le montra, la présence d'atolls, de récifs frangeants et de récifs-barrières, offre les preuves d'un affaissement. Il parvint de cette manière à dresser une carte des aires océaniques, les répartissant en zones soumises à des mouvements de soulèvement ou d'affaissement. Ses conclusions à cet égard étaient aussi neuves que suggestives.

Darwin reconnut très clairement le fait que la plupart des îles océaniques semblent être d'origine volcanique, quoiqu'il prit soin de signaler les exceptions importantes qui infirment, dans une certaine mesure, la généralisation de cette règle. Dans son *Origine des espèces* il a développé l'idée et émis la théorie de la permanence des bassins océaniques, que d'autres auteurs ont adoptée après lui et ont étendue plus loin, pensons-nous, que Darwin n'avait cru devoir le faire. Sa prudence sur ce point et sur les questions spéculatives du même genre était bien connue de tous ceux qui avaient l'habitude de les discuter avec lui.

Quelques années avant le voyage du *Beagle*, M. Poulett Scrope avait signalé les analogies remarquables qui existent entre certaines roches ignées à structure rubanée, telles qu'on en rencontre aux îles Ponces, et les schistes cristallins feuilletés. Il ne semble pas que Darwin ait eu connaissance du remarquable mémoire de Scrope, mais il appela l'attention, d'une manière toute spontanée, sur les mêmes phénomènes lorsqu'il entreprit l'étude de roches fort analogues qu'on observe à l'île de l'Ascension. Comme il venait d'étudier les grandes masses de schistes cristallins du continent Sud-Américain, il fut frappé du fait que les roches incontestablement ignées de l'Ascension offrent une répartition identique des minéraux constitutifs, le long de « feuillets » parallèles. Ces observations conduisirent Darwin à la même conclusion que celle à laquelle Scrope était arrivé quelque temps auparavant, c'est-à-dire que, lorsque la cristallisation s'opère dans des masses rocheuses soumises à des forces déformatrices très puissantes, il se produit une séparation et une distribution des minéraux constitutifs, suivant des plans parallèles. On a reconnu pleinement aujourd'hui que ce processus doit avoir été un facteur important dans la formation des roches métamorphiques, que les auteurs récents désignent sous le nom de *dynamométamorphisme*.

Dans l'étude de ce problème et d'un grand nombre d'autres analogues, exigeant des connaissances minéralogiques très exactes, il est remarquable de voir à quel point Darwin réussissait à découvrir la vérité au sujet des roches qu'il étudiait, à l'aide seulement d'un canif, d'une simple loupe, de quelques essais chimiques et du chalumeau. Depuis Darwin l'étude des roches en sections minces sous le microscope a été inventée, et est aujourd'hui du plus grand secours dans toutes les recherches pétrographiques. Plusieurs des îles étudiées par Darwin ont été explorées à nouveau, et des échantillons de leurs roches ont été recueillis pendant le voyage du navire de la Marine Royale le *Challenger*. Les résultats de l'étude qu'en a faite un des maîtres de la microscopie des roches, le Professeur Renard, de Bruxelles, ont été publiés récemment dans un des volumes des *Rapports sur l'Expédition du Challenger*. Il est intéressant de constater que, tandis que ces recherches récentes ont enrichi la science géologique d'un grand nombre de faits nouveaux et précieux, et que des changements nombreux ont été apportés à la nomenclature et à d'autres points de détail, tous les faits principaux décrits par Darwin et par son ami le professeur Miller ont résisté à l'épreuve du temps et d'une étude plus approfondie, et demeurent comme un monument de la sagacité et de la justesse d'observation de ces pionniers des recherches géologiques.

JOHN W. JUDD.

OBSERVATIONS GÉOLOGIQUES

SUR LES

ILES VOLCANIQUES

CHAPITRE PREMIER

SAN THIAGO, ARCHIPEL DU CAP VERT

Roches des assises inférieures. — Dépôt sédimentaire calcareux avec coquilles récentes métamorphisé au contact de laves surincombantes ; allure horizontale et étendue en surface de ces couches. — Roches volcaniques postérieures associées à une matière calcaire terreuse et fibreuse, et fréquemment renfermée dans les vacuoles des scories. — Anciens orifices d'éruption oblitérés, de petite dimension. — Difficulté que présente la détermination de coulées de laves récentes sur une plaine unie. — Collines de l'intérieur de l'île, constituées par des roches volcaniques plus anciennes. — Grandes masses d'olivine décomposée. — Roches feldspathiques situées sous les couches de basalte cristallin. — Uniformité de structure et d'aspect des collines volcaniques les plus anciennes. — Forme des vallées voisines de la côte. — Conglomérat en voie de formation sur la plage.

L'île de San Thiago s'étend du N.-N.-W. au S.-S.-E. sur une longueur de trente milles et une largeur de douze milles environ. Les observations auxquelles je me suis livré pendant mes deux visites à cette île ont toutes été faites dans sa partie méridionale et dans un rayon de quelques lieues seulement autour de Porto-Praya. — Vue de la mer, la contrée offre une configuration variée : des collines coniques à pentes douces, de couleur rougeâtre (telle que la colline désignée sous

1

le nom de Red Hill et représentée dans la figure intercalée dans le texte) (1) et d'autres collines moins régulières, d'une couleur noirâtre et à sommet plat (marquées A, B, C, dans la même figure), s'élèvent au-dessus de plaines de lave qui s'étagent en gradins successifs. On aperçoit dans le lointain une chaîne de montagnes, hautes de plusieurs milliers de pieds, qui traverse l'intérieur de l'île. Il n'y a pas de volcan actif à San

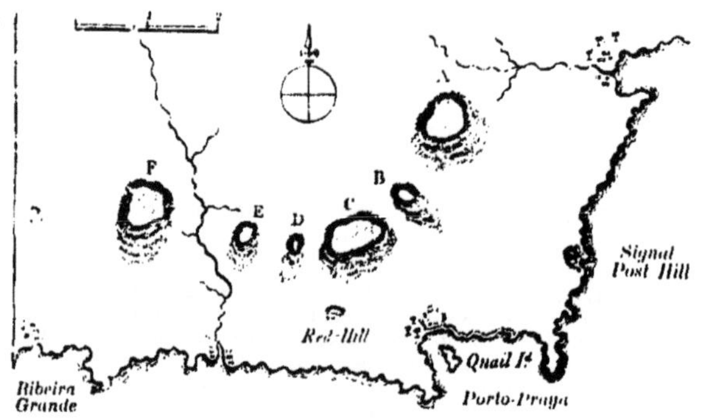

Fig. 1. — Vue d'une partie de San Thiago, l'une des îles du Cap Vert.

Thiago, et il n'en existe qu'un seul dans tout l'archipel, celui de Fogo. L'île n'a été éprouvée par aucun tremblement de terre violent depuis qu'elle est habitée.

Les roches inférieures que l'on voit sur la côte près de Porto-Praya sont très cristallines et fort compactes ; elles semblent appartenir à des masses volcaniques anciennes et d'origine sous-marine. Fréquemment elles sont

(1) La configuration de la côte, la position des villages, des ruisseaux et de la plupart des collines représentés dans cette figure, ont été copiées de la carte dressée à bord du *H. M. S. Leven*. Les collines à sommet plat (A B C, etc.) y ont été reportées d'une manière purement approximative, pour rendre ma description plus claire.

recouvertes, en stratification discordante, par un dépôt calcaire irrégulier, d'une faible épaisseur, où abondent des coquilles appartenant à une des dernières périodes de l'ère tertiaire ; ce dépôt est recouvert, à son tour, par une grande nappe de lave basaltique, qui, partie du centre de l'île, s'est répandue en coulées successives entre les collines à sommet plat marquées A, B, C, etc. Des coulées plus récentes ont été éjaculées par les cônes disséminés dans l'île, tels que Red Hill et Signal-Post Hill. Les couches supérieures des collines à sommet plat présentent, au point de vue de la constitution minéralogique et à d'autres égards encore, un rapport intime avec les assises inférieures des couches de la côte, qui semblent former avec elles une masse continue.

Description minéralogique des roches formant les assises inférieures. — Le caractère de ces roches est extrêmement variable. Elles sont formées d'une masse fondamentale basaltique compacte, noire, brune ou grise, renfermant de nombreux cristaux d'augite, de hornblende, d'olivine, de mica, et parfois du feldspath vitreux. On rencontre fréquemment une variété presque entièrement composée de cristaux d'augite et d'olivine. On sait que le mica se présente rarement là où l'augite abonde, et vraisemblablement la roche qui nous occupe n'offre pas une exception manifeste à cette règle, car le mica y est arrondi aussi parfaitement qu'un caillou dans un conglomérat (tout au moins dans le plus caractéristique de mes spécimens, où l'on voit un nodule de mica long d'un demi-pouce) ; il n'a évidemment pas cristallisé dans la pâte qui le renferme aujourd'hui, mais il doit avoir été formé par la fusion d'une roche plus ancienne. Ces laves compactes alternent avec des tufs, des roches amygdaloïdes et des wackes, et, à certains endroits, avec des conglomérats grossiers. Parmi les wackes argileuses, les unes sont vert foncé, d'autres vert jaunâtre pâle, d'autres enfin presque blanches. Je constatai avec étonnement qu'un certain nombre de ces dernières roches, même les plus blanches, fondaient en un émail noir de jais, tandis que plusieurs échantillons des variétés vertes ne donnaient qu'un globule gris pâle. De nombreux dikes formés essentiellement de roches augitiques très compactes et de variétés amygdaloïdes grises coupent les couches ; en divers endroits celles-ci ont été violemment disloquées et fortement redressées. Une ligne de dislocation coupe l'extrémité septentrionale de Quail-land, îlot de la baie de Porto-Praya, et on peut le suivre jusqu'à l'île principale. Ces dislocations se sont produites avant le dépôt de la couche sédimentaire récente, et la surface de l'île a subi, antérieurement à ce dépôt, une dénudation importante, comme l'attestent de nombreux dikes tronqués.

Description du dépôt calcaire qui recouvre les roches volcaniques dont il vient d'être question. — Cette couche peut être facilement reconnue à cause de sa couleur blanche et de l'extrême régularité avec laquelle elle s'étend le long de la côte, sur une ligne horizontale pendant plusieurs milles. Sa hauteur moyenne au-dessus de la mer, mesurée depuis sa ligne de contact avec les laves basaltiques qui la recouvrent, est de 6o pieds environ ; et son épaisseur, fort variable à cause des inégalités de la formation sur laquelle elle repose, peut être évaluée à environ 2o pieds. Cette couche est formée d'une substance calcaire parfaitement blanche, constituée en partie par des débris organiques et en partie par une substance que l'on pourrait comparer, pour l'aspect, à du mortier. Des fragments de roches et des cailloux sont disséminés dans toute cette couche, et se réunissent souvent en conglomérat, surtout vers la base. Un grand nombre de ces fragments sont comme badigeonnés d'une couche peu épaisse de matière calcareuse blanchâtre. A Quail-island, la partie inférieure du dépôt calcaire est remplacée par un tuf terreux tendre, de couleur brune, plein de turritelles, et qui est surmonté d'un lit de cailloux passant au grès et contenant des fragments d'échinides, des pinces de crabes et des coquilles : les coquilles d'huîtres adhèrent encore aux roches sur lesquelles elles vivaient. Le dépôt renferme un grand nombre de sphérules blanches ressemblant à des concrétions pisolitiques, et dont la grosseur varie de celle d'une noix à celle d'une pomme; elles renferment ordinairement un petit caillou en leur centre. Je me suis assuré par un examen minutieux que ces soi-disant concrétions étaient des nullipores conservant leur forme propre, mais dont la surface était légèrement usée par le frottement; ces corps (considérés généralement aujourd'hui comme des végétaux) n'offrent aucune trace d'organisation intérieure, quand on les étudie sous un microscope de puissance moyenne. M. Georges R. Sowerby a bien voulu examiner les coquilles que j'ai rassemblées; elles appartiennent à quatorze espèces, dont les caractères sont assez bien conservés pour qu'il soit possible de les déterminer avec un degré de certitude suffisant, et à quatre espèces dont on ne peut établir que le genre. Parmi les quatorze mollusques dont la liste se trouve à l'appendice, onze appartiennent à des espèces récentes : un, non encore décrit, pourrait être identique à une espèce vivante que j'ai trouvée dans le port de Porto-Praya; les deux autres espèces sont nouvelles et ont été décrites par M. Sowerby. Les connaissances que nous possédons sur les mollusques de cet archipel et des côtes voisines ne sont pas encore assez complètes pour nous permettre d'affirmer que ces coquilles, même les deux dernières, appartiennent à des espèces éteintes. Parmi ces coquilles, celles qui se rapportent incontestablement à des espèces vivantes ne sont pas nombreuses, mais elles suffisent cependant pour démontrer que le dépôt appartient à une période tertiaire récente. Les caractères minéralogiques de la formation, le nombre et les dimensions des fragments qu'elle renferme, et l'abondance des patelles et des autres coquilles littorales, démontrent que tout l'ensemble s'est accumulé dans une mer peu profonde, près d'un ancien rivage.

Effets produits par la coulée de lave basaltique qui s'est répandue sur le dépôt calcaire. — Ces effets sont très remarquables. Cette matière calcareuse est modifiée jusqu'à une profondeur d'environ un pied sous la ligne de contact, et on peut suivre le passage, tout à fait insensible, de petits fragments de coquilles, de corallines et de nullipores à peine agrégés, jusqu'à une roche où l'on ne peut trouver aucune trace d'une origine mécanique, même au microscope. Aux points où les modifications métamorphiques ont été les plus intenses, on observe deux variétés de roches. La première variété est dure et compacte, finement grenue et blanche, sillonnée par quelques lignes parallèles formées de particules volcaniques noirâtres; cette roche ressemble à un grès, mais un examen plus minutieux montre qu'elle est complètement cristalline, avec des faces de clivage si parfaites qu'on peut les mesurer facilement au goniomètre à réflexion. Si, après les avoir mouillés, on examine, à l'aide d'une forte loupe, les échantillons qui ont subi un métamorphisme moins complet, on peut constater une transformation graduelle très intéressante; quelques-unes des particules arrondies qui les constituent conservent leur forme propre, tandis que d'autres se fusionnent insensiblement dans la masse granulo-cristalline. Les surfaces décomposées de cette roche revêtent une couleur rougebrique, comme c'est souvent le cas pour les calcaires ordinaires.

La seconde variété métamorphique est, de même, une roche dure mais sans trace de structure cristalline. C'est une pierre calcaire blanche, opaque et compacte, fortement mouchetée de taches, irrégulièrement arrondies, d'une matière terreuse, ocreuse et tendre. Cette matière terreuse présente une couleur brun-jaunâtre pâle, et paraît être un mélange de fer et de carbonate de chaux ; elle fait effervescence avec les acides, elle est infusible mais noircit au chalumeau et devient magnétique. La forme arrondie des petites taches de substance terreuse, ainsi que les diverses étapes qu'on peut constater jusqu'à leur isolement parfait, et qu'on peut suivre en examinant une série d'échantillons, montrent clairement qu'elles ont été formées, soit par l'attraction des particules terreuses entre elles, soit plus vraisemblablement par une attraction réciproque des atomes de carbonate de chaux amenant alors la ségrégation de ces impuretés terreuses étrangères. Ce fait m'a vivement intéressé, car j'avais observé souvent des roches quartzeuses (par exemple aux îles Falkland, et dans les couches siluriennes inférieures des Stiper-Stones dans le Shropshire) mouchetées, d'une manière précisément analogue, par de petites taches d'une substance terreuse blanchâtre (feldspath terreux?); on avait déjà toutes raisons de croire alors que ces roches avaient été modifiées ainsi sous l'action de la chaleur, et cette hypothèse reçoit maintenant sa confirmation. Cette texture tachetée pourrait fournir peut-être quelques indications pour distinguer les roches quartzeuses, qui doivent leur structure actuelle à une action ignée, de celles formées par voie purement aqueuse; distinction qui doit avoir fait hésiter bien des géologues dans l'étude des régions arénacéo-quartzeuses, si j'en juge par ma propre expérience.

En s'épanchant sur les sédiments étalés au fond de la mer, les parties inférieures et les plus scoriacées de la lave ont empâté une grande quantité de matière calcaire, qui forme maintenant la pâte très cristalline et blanche comme neige, d'une brèche renfermant de petits fragments de scories noires et brillantes. Un peu au-dessus de cette couche, là où le calcaire est moins abondant et la lave plus compacte, les interstices de la masse de lave sont remplis d'un grand nombre de petites sphères, formées de spicules de calcaire spathique, qui rayonnent autour d'un centre commun. Dans une certaine partie de Quail-island, où les laves surincombantes n'ont pas plus de 14 pieds d'épaisseur, le calcaire a pu cristalliser sous l'influence de la chaleur dégagée par ces matières éruptives ; on ne peut pas admettre que cette faible couche de lave ait été plus épaisse à l'origine, et que son épaisseur ait été réduite par une érosion postérieure, l'état celluleux de sa surface nous le montre. J'ai déjà fait observer que la mer où le dépôt calcaire s'est opéré devait être peu profonde ; le dégagement de l'anhydride carbonique a donc été entravé par une pression de loin inférieure à celle, équivalant à une colonne d'eau haute de 1.708 pieds, que Sir James Hall considérait comme nécessaire pour empêcher ce dégagement. Depuis l'époque de ses expériences on a découvert que c'est moins la pression que la nature de l'atmosphère ambiante qui intervient pour retenir l'acide carbonique gazeux. Ainsi, il résulte d'expériences de M. Faraday (1) que des masses importantes de calcaire se fondent quelquefois et cristallisent, même dans des fours à chaux ordinaires. Suivant M. Faraday, le carbonate de chaux peut être chauffé, pour ainsi dire, à toute température dans une atmosphère d'acide carbonique, sans se décomposer ; et Gay-Lussac a montré que des fragments de calcaire, chauffés dans un tube à une température insuffisante par elle-même pour provoquer leur décomposition, dégageaient cependant l'acide carbonique dès qu'on faisait passer au travers du tube un courant d'air ou de vapeur d'eau : Gay-Lussac attribue ce phénomène au déplacement de l'acide carbonique naissant. La matière calcaire, qui se trouve sous la lave, surtout celle qui forme les

(1) Je suis fort reconnaissant à M. E.-W. Brayley de m'avoir indiqué à ce sujet les travaux suivants : Faraday : *Edinburgh, New philosophical Journal*, vol. XV, p. 398 ; — Gay-Lussac : *Annales de chimie et de physique*, tome I, chap. XIII, p. 219, dont la traduction a paru dans le *London and Edinburgh philosophical Magazine*, vol. X, p. 496.

aiguilles cristallines renfermées dans les vacuoles des scories, ne peut pas avoir subi l'action du passage d'un courant gazeux, quoiqu'elle ait été chauffée dans une atmosphère contenant vraisemblablement une très forte proportion de vapeur d'eau. Peut-être est-ce pour cette raison qu'elle a conservé son acide carbonique sous cette pression relativement faible.

Les fragments de scories renfermés dans la pâte calcaire cristalline sont d'un noir de jais, à cassure brillante comme celle de la rétinite. Cependant leur surface est recouverte d'une couche d'une substance translucide orange-rougeâtre, que l'on peut gratter facilement au canif; ces fragments apparaissent alors comme s'ils étaient recouverts d'une couche mince de matière résineuse. Les plus petits d'entre eux présentent des parties complètement transformées en cette substance; transformation qui semble tout à fait différente d'une décomposition ordinaire. Nous verrons dans un autre chapitre qu'à l'archipel des Galapagos de grandes couches de cendres volcaniques, avec particules scoriacées, ont subi une transformation à peu près identique.

Extension et horizontalité du dépôt calcaire. — La limite supérieure du dépôt calcaire, si nettement marquée à cause de la couleur blanche de cette roche, et si voisine de l'horizontale, court le long de la côte sur une distance de plusieurs milles, à l'altitude de 60 pieds environ au-dessus du niveau de la mer. La nappe de basalte qui la recouvre présente une épaisseur moyenne de 80 pieds. A l'ouest de Porto-Praya, au delà de Red Hill, la couche blanche avec le basalte qui la surmonte, sont recouverts par des coulées plus récentes. J'ai pu la suivre de l'œil, au nord de Signal-Post Hill, s'étendant au loin sur une distance de plusieurs milles, le long des falaises de la côte. Mes observations ont porté sur une étendue d'environ 7 milles le long de la côte, mais la régularité de cette couche me porterait à croire qu'elle

s'étend beaucoup plus loin. Dans des ravins perpendiculaires à la côte, on la voit plonger doucement vers la
mer, probablement suivant l'inclinaison qu'elle présentait lors de son dépôt sur les anciens rivages de l'île. Je
n'ai trouvé dans l'intérieur de l'île qu'une seule coupe où
cette couche fût visible, à la hauteur de quelques centaines de pieds, c'est à la base de la colline marquée A;
elle y repose, comme d'habitude, sur la roche augitique
compacte associée avec de la wacke, et elle y est recouverte par la grande nappe de lave basaltique récente. En
certains points cependant cette couche blanche ne con-
serve pas son horizontalité; à Quail-island sa surface supérieure ne s'élève qu'à 40 pieds au-dessus du niveau de
la mer; ici également la nappe de lave qui la recouvre
n'a que 12 à 15 pieds d'épaisseur; d'autre part, au nord-
est du port de Porto-Praya, la couche calcaire ainsi que
la roche sur laquelle elle repose atteignent une hauteur
supérieure au niveau moyen. Je crois que dans ces deux
cas la différence de niveau ne provient pas d'un exhaus-
sement inégal, mais de l'irrégularité primitive du fond
de la mer. Ce fait peut être démontré à Quail-island, car
le dépôt calcaire y offre en un certain point une épaisseur
de beaucoup supérieure à la moyenne, alors qu'en d'autres points cette roche ne se montre pas; dans ce dernier
cas les laves basaltiques récentes reposent directement
sur les laves plus anciennes.

Sous Signal-Post Hill la couche blanche plonge dans
la mer d'une manière bien intéressante. Cette colline
est conique, haute de 450 pieds, et offre encore quelques
traces de structure cratériforme; elle est constituée en
majeure partie de matières éruptives émises postérieurement au soulèvement de la grande plaine basaltique,
mais en partie aussi de laves très anciennes, probablement de formation sous-marine. La plaine environnante et le flanc oriental de la colline ont été découpés
par l'érosion en falaises escarpées surplombant la mer.
La couche calcaire blanche est visible dans ces ravi-

nements à la hauteur de 70 pieds environ au-dessus du rivage, et s'étend au nord et au sud de la colline, sur une longueur de plusieurs milles, en dessinant une ligne qui paraît parfaitement horizontale ; mais, au-dessous de la colline, elle plonge dans la mer et disparaît sur une longueur d'environ un quart de mille. Le plongement est graduel du côté du sud, et plus brusque du côté du nord, comme le montre la figure. Ni la couche calcaire ni la lave basaltique surincombante (pour autant qu'on puisse distinguer cette dernière des coulées plus récentes) n'augmentent d'épaisseur à mesure qu'elles plongent ; j'en conclus que ces couches n'ont pas été originairement

FIG. 2. — Signal-Post Hill ; — A. Roches volcaniques anciennes ; — B. Dépôt calcareux ; — C, Lave basaltique supérieure.

accumulées dans une dépression dont le centre serait devenu plus tard un point d'éruption, mais qu'elles ont été dérangées et ployées postérieurement à leur dépôt. Nous pouvons supposer, ou bien que Signal-Post Hill, après son soulèvement, s'est abaissé avec la région environnante, ou bien qu'il n'a jamais été soulevé à la même hauteur qu'elle. Cette dernière hypothèse me paraît la plus vraisemblable, car, durant le soulèvement lent et uniforme de cette partie de l'île, l'énergie souterraine, affaiblie par des éruptions répétées de matières volcaniques émises au-dessous de ce point, devait nécessairement conserver moins de puissance pour le soulever. Un fait analogue semble s'être produit près de Red Hill, car, en remontant les coulées de lave qui affleurent, des environs de Porto-Praya vers l'intérieur de l'île, j'ai été amené à supposer que la pente de la région a été légèrement modifiée depuis que la lave y a coulé, soit qu'il y ait eu un léger affaissement près de Red Hill, soit que cette partie de la plaine ait été portée à une hauteur moins considérable que le reste de la contrée, lors du soulèvement général.

Lave basaltique qui surmonte le dépôt calcaire. — Cette lave, d'un gris pâle, est fusible en un émail noir; sa cassure est terreuse et concrétionnée, elle contient de petits grains d'olivine. Les parties centrales de la masse sont compactes, ou parsemées tout au plus de quelques petites cavités, et elles sont souvent colonnaires. Cette structure se présente d'une manière saillante à Quail-island où la lave a été divisée, d'une part, en lamelles horizontales et, d'autre part, découpée par des fissures verticales en plaques pentagonales; celles-ci étant à leur tour empilées les unes sur les autres, se sont insensiblement soudées, de manière à former de belles colonnes symétriques. La surface inférieure de la lave est vésiculaire, mais parfois sur une épaisseur de quelques pouces seulement; la surface supérieure, qui est également vésiculaire, est divisée en sphères formées de couches concentriques, et dont le diamètre atteint souvent 3 pieds. La masse est formée de plus d'une coulée; son épaisseur totale étant, en moyenne, de 80 pieds. La partie inférieure s'est certainement étalée en coulées sous-marines, et il en est probablement de même pour la partie supérieure. Cette lave provient en majeure partie des régions centrales de l'île, comprises entre les collines marquées A, B, C, etc., dans la figure. La surface de la contrée est unie et stérile près de la côte; le pays s'élève vers l'intérieur par des terrasses successives; lorsqu'on les observe de loin, on en distingue nettement quatre superposées.

Éruptions volcaniques postérieures au soulèvement de la côte; matières éruptives associées avec du calcaire terreux. — Ces laves récentes proviennent des collines coniques à teinte brun-rouge, disséminées dans l'île et

qui s'élèvent brusquement dans la plaine près de la côte.
J'en ai gravi plusieurs, mais je n'en décrirai qu'une seule,
Red Hill, qui peut servir de type pour ce groupe et dont
certaines particularités sont remarquables. Sa hauteur
est de 600 pieds environ; elle est constituée par des
roches de nature basaltique, très scoriacées et d'un rouge
vif; elle présente sur l'un des côtés de son sommet une
cavité qui est probablement le dernier vestige d'un cratère. Plusieurs autres collines de la même catégorie sont,
à en juger par leur forme extérieure, surmontées de cratères beaucoup mieux conservés. Lorsqu'on longe la
côte par mer, on voit clairement qu'une masse considérable de lave, partie de Red Hill, s'est écoulée dans la
mer en passant au-dessus d'une ligne de rochers haute
d'environ 120 pieds. Cette ligne de rochers constitue le
prolongement de celle qui forme la côte et qui borne la
plaine de deux côtés de la colline; ces coulées ont donc
été émises par Red Hill postérieurement à la formation
des rochers de la côte, et à une époque où la colline se
trouvait, comme aujourd'hui, au-dessus du niveau de la
mer. Cette conclusion concorde avec la nature très scoriacée de toutes les roches de Red Hill, qui semblent être
de formation subaérienne; et ce fait est important, car
il existe près du sommet quelques bancs d'une matière
calcaire, qu'à première vue on pourrait prendre à tort
pour un dépôt sous-marin. Ces bancs sont formés de
carbonate de chaux, blanc, terreux, et tellement friable
qu'il s'écrase sous le moindre effort, les spécimens les
plus compacts même ne résistant pas à la pression des
doigts. Quelques-unes de ces masses sont blanches
comme la chaux vive, et paraissent absolument pures,
mais on peut toujours y découvrir à la loupe de petites
particules de scories, et je n'ai pu en trouver une seule
qui ne laissât pas de résidu de cette nature quand on la
dissolvait dans les acides. Il est difficile, pour cette raison, de découvrir une particule de calcaire qui ne change
pas de couleur au chalumeau; la plupart d'entre elles

s'y vitrifient même. Les fragments scoriacés et la matière
calcaire sont associés de la manière la plus irrégulière,
parfois en lits peu distincts, mais plus fréquemment en
une brèche confuse, où le calcaire prédomine d'un côté et
les scories de l'autre. Sir H. De La Beche a bien voulu
faire analyser quelques-uns des spécimens les plus purs,
dans le but de découvrir si, en raison de leur origine
volcanique, ils contenaient beaucoup de magnésie; mais
on n'en a décelé qu'une faible quantité, analogue à celle
qui existe dans la plupart des calcaires.

Quand on brise les fragments de scories engagés dans
la masse calcaire, on voit qu'un grand nombre de leurs
vacuoles sont tapissées et même partiellement remplies d'un réseau de carbonate de chaux, blanc, délicat,
excessivement fragile et semblable à de la mousse, ou
plutôt à des conferves. Ces fibres, observées à l'aide
d'une loupe dont la distance focale est d'un dixième de
pouce, se montrent cylindriques; leur diamètre est légèrement supérieur à un millième de pouce; elles sont
ou simplement ramifiées, ou plus communément unies
en un réseau formant une masse irrégulière, à mailles
de dimension et de forme très variables. Quelques fibres
sont recouvertes d'une couche épaisse de spicules extrêmement fins, parfois agrégés en houppes minuscules,
ce qui leur donne un aspect velu. Ces spicules ont un
diamètre uniforme sur toute leur longueur; ils se déta-
chent facilement, de sorte que le porte-objet du microscope en est bientôt recouvert. Le calcaire offre cette
structure fibreuse dans les vacuoles d'un grand nombre
de fragments des scories, mais généralement à un degré
moins parfait. Ces vacuoles ne semblent pas être reliées
l'une à l'autre. Il n'est pas douteux, comme nous allons
le montrer, que le calcaire ait été éjaculé à l'état fluide,
intimement mélangé à la lave, et c'est pour cette raison
que j'ai cru devoir m'arrêter à décrire cette curieuse
structure fibreuse, dont je ne connais aucun analogue.
A cause de la nature terreuse des fibres, cette structure

ne semble pas pouvoir être attribuée à la cristallisation.

D'autres fragments de la roche scoriacée de cette colline, quand on les brise, se montrent rayés de traits blancs, courts et irréguliers, qui proviennent d'une rangée de vacuoles séparées, entièrement ou partiellement remplies d'une poudre calcareuse blanche. Cette structure m'a rappelé immédiatement les petites boules et les filaments étirés de farine, dans une pâte mal pétrie, avec laquelle ils ne se sont pas mélangés, et je suis porté à penser que, de la même manière, de petites masses de calcaire n'ayant pas été incorporées dans la lave liquide, ont été étirées, lorsque toute la masse était en mouvement. J'ai examiné soigneusement, en les broyant et en les dissolvant dans les acides, des fragments de scories prises à moins d'un demi-pouce de cellules qui étaient pleines de la poussière en question, et je n'y ai pas trouvé de traces de calcaire. Il est clair que la lave et le calcaire n'ont été que très imparfaitement mélangés. Lorsque de petites masses de calcaire ont été empâtées dans la lave encore visqueuse, où on les observe comme une matière pulvérulente, ou en fibres réticulées tapissant les vacuoles, je suis porté à penser que les gaz absorbés ont pu se dilater plus facilement aux points où ce calcaire pulvérulent rendait la lave moins résistante.

A un mille à l'est de la ville de Praya on observe une gorge aux parois escarpées, large de 150 yards environ, coupant la plaine basaltique et les bancs sous-jacents, mais qui a été comblée par une coulée de lave plus moderne. Cette lave est d'un gris sombre, et présente presque partout une structure compacte et une disposition imparfaitement colonnaire; mais, à une petite distance de la côte, elle renferme, irrégulièrement disposée, une masse bréchiforme de scories rouges, mélangées d'une quantité considérable de calcaire blanc, terreux, friable, et en certains points, presque pur, comme celui du sommet de Red Hill. Cette lave avec le calcaire qu'elle empâte doit certainement avoir coulé comme une nappe régulière ; à en juger par la forme de la gorge, vers laquelle convergent encore les précipitations atmosphériques actuellement peu abondantes dans cette région, et par l'aspect de la couche de blocs incohérents ressemblant aux quartiers de rochers du lit d'un torrent, et sur laquelle repose la lave, nous pouvons conclure que la coulée était d'origine subaérienne. Je n'ai pu suivre cette coulée jusqu'à son origine, mais, d'après sa direction, elle paraît être descendue de Signal-Post Hill, éloigné d'un mille un quart, et qui, comme Red Hill, a été un centre d'éruption postérieure au soulèvement de la grande plaine basaltique. Un fait qui concorde avec cette manière de voir, c'est que j'ai trouvé sur Signal-Post Hill une masse de matière calcaire terreuse, de la même nature, mélangée avec des scories. Il importe de faire observer ici qu'une partie de la matière calcaire qui constitue le banc sédimentaire horizontal, et spécialement la matière fine recouvrant d'une couche blanche les fragments de roches engagés dans le banc, doit son origine, suivant toute probabilité, à la fois à des éruptions volcaniques et à la trituration de restes d'organismes. Les roches cristallines anciennes sous-jacentes sont associées avec beaucoup de carbonate de chaux sous la forme d'amygdaloïdes et de masses irrégulières, dont je n'ai pu comprendre la nature.

En tenant compte de l'abondance du calcaire terreux près du sommet de Red Hill, cône volcanique haut de 600 pieds et de formation subaérienne, du mélange intime de petits fragments et de volumineux amas de scories empâtés dans des masses d'un calcaire presque pur, et de la manière dont de petits noyaux et des traînées de poussière calcaire sont renfermés dans des fragments massifs de scories, en tenant compte enfin d'une association identique de calcaire et de scories, constatée dans une coulée de lave qu'on a toutes raisons de croire moderne et subaérienne, et qui est descendue d'une colline où l'on rencontre également du calcaire terreux, je pense que, sans aucun doute, le calcaire a été éjaculé à l'état de mélange avec la lave fondue. Je ne sache pas qu'aucun fait semblable ait été décrit, et il me paraît intéressant de le signaler, d'autant plus qu'un grand nombre de géologues ont certainement cherché à déterminer les actions qui doivent se produire dans un foyer volcanique prenant naissance dans des couches profondes, de composition minéralogique variée. La grande abondance de silice libre dans les trachytes de certaines régions (tels que ceux de Hongrie décrits par Beudant, et des îles Ponza par P. Scrope, résout peut-être la question pour le cas où les roches sous-jacentes seraient quartzeuses, et nous trouvons probablement ici la solution du problème dans le cas où les produits volcaniques ont traversé des masses sous-jacentes de calcaire. On est porté, naturellement, à se demander à quel état se trouvait le carbonate de chaux, actuellement terreux, au moment où il a été éjaculé avec la lave dont la température était très élevée; l'état extrêmement celluleux des scories de Red Hill prouve que la pression ne peut avoir été bien considérable, et comme la plupart des éruptions volcaniques sont accompagnées du dégagement de grandes quantités de vapeur d'eau et d'autres gaz, nous trouvons ici réunies les conditions qui, suivant les idées actuelles des chimistes, sont les plus favorables pour l'élimination de l'acide carbonique (1). On peut se demander si la lente réabsorption de ce gaz n'a pas donné au calcaire renfermé

(1) Je pense qu'à une grande profondeur au-dessous de la surface du sol, le carbonate de chaux était à l'état liquide. On sait que Hutton attribuait la formation de toutes les roches amygdaloïdes à des gouttes de calcaire fondu flottant dans le trapp comme de l'huile dans l'eau; cette théorie est certainement fausse, mais si les roches qui constituent le sommet de Red Hill s'étaient refroidies sous la pression des eaux d'une mer peu profonde, ou entre les parois d'un dike, nous aurions, selon toute probabilité, une roche trappéenne associée avec de grandes

dans les vacuoles de la lave cette structure fibreuse si
particulière, semblable à celle d'un sel efflorescent. Enfin
je ferai remarquer la grande différence d'aspect constatée entre ce calcaire terreux, qui doit avoir été porté à
une haute température dans une atmosphère de vapeur
d'eau et de gaz divers, et le calcaire spathique, blanc,
cristallin, qui a été formé sous une nappe de lave peu
épaisse (comme à Quail-island) s'étalant sur un calcaire
terreux et sur les débris d'organismes tapissant le fond
d'une mer peu profonde.

Signal-Post Hill. — Nous avons déjà parlé de cette
colline à diverses reprises, notamment lorsque nous
avons signalé la manière remarquable dont la couche
calcaire blanche, en d'autres points parfaitement horizontale, plonge dans la mer sous la colline (figure 2). Son
sommet est large et offre des traces peu nettes de structure cratériforme; il est formé de roches basaltiques (1),
compactes ou celluleuses, avec des bancs inclinés de
scories incohérentes dont quelques-uns sont associés à
du calcaire terreux. Comme Red Hill, cette colline a été
le foyer d'éruptions postérieures au soulèvement de la
plaine basaltique environnante ; mais, contrairement à la
première colline, elle a subi des dénudations importantes

masses de calcaire spathique compacte et cristallin. Or, d'après
la manière de voir de beaucoup de géologues aujourd'hui, la présence de ce calcaire aurait été attribuée, à tort, à des infiltrations
postérieures.

(1) Ces roches offrent fréquemment une variété remarquable,
remplie de petits fragments d'un minéral terreux, rouge jaspe
foncé, qui montre, quand on l'examine attentivement, un clivage
peu net ; les petits fragments sont allongés, tendres, magnétiques avant comme après caléfaction, et difficilement fusibles
en un émail terne. Ce minéral est évidemment très voisin des
oxydes de fer, mais je ne saurais le déterminer avec certitude. La roche qui renferme ce minéral est criblée de petites
cavités anguleuses tapissées et remplies de cristaux jaunâtres de
carbonate de chaux.

et a été le siège d'actions volcaniques à une période très
reculée, quand elle était encore sous-marine. Pour établir ce point, je me base sur l'existence des derniers ves-
tiges de trois petits centres d'éruption que j'ai découverts sur le flanc qui regarde l'intérieur des terres. Ils
sont formés de scories luisantes cimentées par du spath
calcaire cristallin, exactement comme le grand dépôt calcaire sous-marin, aux endroits où la lave, encore à haute
température, s'est étalée ; leur aspect ruiniforme ne peut
être expliqué, je pense, que par l'action dénudatrice des
vagues de la mer. Ce qui m'a mené au premier orifice,
c'est que j'ai observé une couche de lave de 200 yards
carrés environ, à bords abrupts, étalée sur la plaine basaltique sans qu'il y eût à proximité quelque monticule
d'où elle aurait pu être éjaculée ; et le seul vestige d'un cratère que je sois parvenu à découvrir consistait en quelques
bancs obliques de scories, à l'une de ses extrémités. A
50 yards d'un second amas de lave à sommet plat comme
le premier, mais beaucoup plus petit, je découvris un
groupe circulaire irrégulier de plusieurs masses d'une
brèche formée de scories cimentées, hautes d'environ
6 pieds, et qui sans doute ont constitué autrefois le centre
d'éruption. Le troisième orifice n'est plus indiqué aujour-
d'hui que par un cercle irrégulier de scories cimentées,
de 4 yards de diamètre environ, et ne s'élevant, en son
point culminant, qu'à 3 pieds à peine au-dessus du niveau de la plaine, dont la surface présente son aspect
habituel et n'offre aucune solution de continuité aux environs ; nous avons ici une section horizontale de la base
d'un orifice volcanique qui a été presque entièrement rasé
avec toutes les matières éjaculées.

A en juger par sa direction, la coulée de lave qui com-
ble la gorge étroite (1) située à l'est de la ville de Praya,

____

(1) Aux endroits où la nappe basaltique supérieure est inter-
rompue, les parois de cette gorge sont presque verticales. La lave
qui l'a remplie ultérieurement adhère à ces parois presque aussi

paraît être descendue de Signal-Post Hill, comme nous
l'avons fait remarquer plus haut, et s'être répandue sur
la plaine après que celle-ci eut été soulevée; la même observation s'applique à une coulée (qui n'est peut-être
qu'une portion de la première) recouvrant les rochers
du rivage, à peu de distance à l'est de la gorge. Lorsque
je m'efforçai de suivre ces coulées sur la surface rocheuse
de la plaine presque entièrement privée de terre arable et
de végétation, je fus fort surpris de constater que toute
trace distincte de ces coulées disparaissait bientôt complètement, quoiqu'elles soient constituées par une matière
basaltique dure et qu'elles n'aient pas été exposées à l'action
dénudatrice de la mer. Mais j'ai observé depuis, à
l'archipel des Galapagos, qu'il est souvent impossible de
suivre des coulées de laves même très récentes et de très
grande dimension, au travers de coulées plus anciennes,
si ce n'est en se guidant sur la dimension des buissons qui
les recouvrent, ou en comparant l'état plus ou moins luisant de leur surface, — caractères qu'un laps de temps fort
court suffit à effacer entièrement. Je dois faire remarquer
que dans une région à surface unie, à climat sec, et où le
vent souffle toujours dans la même direction (comme à
l'archipel du Cap Vert), les effets de dégradation dus à
l'action atmosphérique sont probablement beaucoup plus
considérables qu'on ne le supposerait, car dans ce cas
le sol meuble s'accumule uniquement dans quelques dépressions protégées contre le vent, et étant toujours
poussé dans une même direction, il chemine constamment vers la mer sous forme d'une poussière fine, laissant
la surface des rochers découverte et exposée sans défense
à l'action continue des agents atmosphériques.

Collines de l'intérieur de l'île constituées par des

fortement qu'un dike à ses murs. Lorsqu'une nappe de lave
s'est écoulée le long d'une vallée, elle est souvent bordée, de
chaque côté, par des masses de scories incohérentes.

roches volcaniques plus anciennes. — Ces collines sont reportées approximativement sur la carte et marquées des lettres A, B, C, etc. Leur constitution minéralogique les rapproche des roches inférieures visibles sur la côte, et elles sont probablement en continuité directe avec ces dernières. Vues de loin, ces collines semblent avoir fait partie autrefois d'un plateau irrégulier, ce qui paraît probable en raison de l'uniformité de leur structure et de leur composition. Leur sommet est plat, légèrement incliné et elles ont, en moyenne, environ 6oo pieds de hauteur. Leur versant le plus abrupt est dirigé vers l'intérieur de l'île, point d'où elles rayonnent vers l'extérieur. et elles sont séparées l'une de l'autre par des vallées larges et profondes, au travers desquelles sont descendues de grandes coulées de lave qui ont formé les plaines du rivage. Leurs flancs tournés vers l'intérieur de l'île et qui sont les plus abrupts, comme nous venons de le dire, dessinent une courbe irrégulière à peu près parallèle à la ligne du rivage, dont elle est éloignée de 2 ou 3 milles vers l'intérieur. J'ai gravi quelques-unes de ces collines et, grâce à l'amabilité de M. Kent, chirurgien-adjoint du *Beagle*, j'ai obtenu des spécimens provenant de celles des autres collines que j'ai pu apercevoir à l'aide d'une longue-vue. Quoiqu'il ne m'ait été possible d'étudier, à l'aide de ces divers éléments, qu'une partie de la chaîne, 5 à 6 milles seulement, je n'hésite pas à affirmer, d'après l'uniformité de structure de ces collines, qu'elles appartiennent à une grande formation s'étendant sur la majeure partie de la circonférence de l'île.

Les couches supérieures de ces collines diffèrent considérablement des couches inférieures par leur composition. Les couches supérieures sont basaltiques, généralement compactes, mais parfois scoriacées et amygdaloïdes, et sont associées à des masses de wacke. Là où le basalte est compact, il est tantôt finement grenu et tantôt très grossièrement cristallin ; dans ce dernier cas il passe à une roche augitique renfermant beaucoup d'olivine :

celle-ci est incolore ou présente les teintes ordinaires:
jaune et rougeâtre terne. Sur certaines collines, les
couches basaltiques sont associées à des bancs d'une
matière calcaire, terreuse ou cristalline, englobant des
fragments de scories vitreuses. Les couches dont nous
parlons en ce moment ne diffèrent des coulées de lave
basaltique qui constituent la plaine côtière que par une
plus grande compacité, par la présence de cristaux d'augite et par les dimensions plus fortes des grains d'olivine ; — caractères qui, joints à l'aspect des bancs calcaires associés avec ces couches, me portent à croire
qu'elles sont de formation sous-marine.

Quelques masses importantes de wacke sont fort cu-
rieuses. Les unes sont associées à ces couches basaltiques, les autres se montrent sur la côte, et spécialement à Quail-island où elles constituent les assises
inférieures. Ces roches consistent en une substance argileuse d'un vert-jaunâtre pâle, à structure arénacée lorsqu'elle est sèche, mais onctueuse quand elle est humide ;
dans son état de plus grande pureté, elle est d'une belle
teinte verte, translucide sur les bords, et présente accidentellement des traces vagues d'un clivage originel.
Elle se fond très facilement au chalumeau en un globule
gris-sombre, parfois même noir, légèrement magnétique.
Ces caractères m'ont conduit naturellement à croire que
cette matière était un produit de décomposition d'un
pyroxène faiblement coloré ; cette manière de voir est
appuyée par le fait que la roche non altérée se montre
pleine de grands cristaux isolés d'augite noire, ainsi que
de sphères et de traînées d'une roche augitique gris
foncé. Le basalte étant ordinairement formé d'augite et
d'olivine souvent altérée et de couleur rouge sombre, je
fus amené à examiner les phases de décomposition de ce
dernier minéral, et je m'aperçus avec étonnement que
je pouvais suivre une gradation presque parfaite entre
l'olivine inaltérée et la wacke verte. Dans certains cas,
des fragments provenant d'un même grain se compor-

taient au chalumeau comme de l'olivine, à part un léger
changement de couleur, ou donnaient un globule magnétique noir. Je ne puis donc douter que la wacke verdâtre n'était à l'origine autre chose que de l'olivine, et
que des modifications chimiques très profondes aient dû
se produire au cours de la décomposition pour avoir pu
transformer un minéral très dur, transparent, infusible,
en une substance argileuse, tendre, onctueuse et facilement fusible (1).

Les couches de la base de ces collines, ainsi que quelques monticules isolés, dénudés et de forme arrondie, sont
constitués par des roches feldspathiques ferrugineuses
compactes, finement grenues, non cristallines (ou dont
la nature cristalline est à peine perceptible); ces roches
sont généralement à demi décomposées. Leur cassure est
extrêmement irrégulière et esquilleuse, et même les petits
fragments sont souvent très résistants. Elles renferment
une forte proportion de matière ferrugineuse, soit en
petits grains à éclat métallique, soit en fibres capillaires
brunes; en ce dernier cas, la roche prend une structure
pseudo-bréchiforme. Ces roches renferment parfois du
mica et des veines d'agate. Leur couleur brun de rouille ou

---

(1) D'Aubuisson, dans son *Traité de Géognosie* (tome II, p. 569),
indique, d'après M. Marcel de Serres, que des masses de terre
verte existent près de Montpellier, et sont considérées comme
dues à la décomposition de l'olivine. Je ne sache pas cependant
que l'action du chalumeau sur ce minéral se trouve modifiée
lorsqu'il présente un commencement de décomposition. Ce fait
est important, car, à première vue, il semble invraisemblable
qu'un minéral dur, transparent, réfractaire, se soit transformé
en une argile tendre et facilement fusible comme celle de San
Thiago. Je décrirai plus loin une substance verte formant des
filaments dans l'intérieur des vacuoles de certaines roches basaltiques vésiculaires au Van Diemen's Land, qui se comporte
au chalumeau comme la wacke verte de San Thiago, mais cette
forme cylindrique des filaments prouve qu'elle ne peut pas avoir
été formée par la décomposition de l'olivine, minéral se présentant toujours en grains ou en cristaux.

jaunâtre est due partiellement aux oxydes de fer, mais surtout à d'innombrables taches microscopiques noires, qui fondent facilement lorsqu'on chauffe un fragment de roche, et sont évidemment formées de hornblende ou d'augite. Ces roches contiennent donc tous les éléments essentiels du trachyte, quoiqu'elles offrent, à première vue, l'aspect d'argile cuite ou de quelque dépôt sédimentaire modifié. Elles ne diffèrent du trachyte que parce qu'elles ne sont pas rudes au toucher et qu'elles ne renferment pas de cristaux de feldspath vitreux. Ainsi que le cas s'en présente si souvent pour les formations trachytiques, on ne voit ici aucune trace de stratification. On croirait difficilement que ces roches ont pu couler à l'état de laves: il existe pourtant à Sainte-Hélène des coulées bien caractérisées, dont la composition est presque identique à celle de ces roches, ainsi que je le montrerai dans un autre chapitre. J'ai rencontré en trois endroits, parmi les monticules constitués par ces roches, des collines coniques, à pentes douces, formées de phonolite contenant de nombreux cristaux de feldspath vitreux bien formés, et des aiguilles de hornblende. Je crois que ces cônes de phonolite ont le même rapport avec les couches feldspathiques environnantes, que certaines masses d'une roche augitique grossièrement cristallisée ont avec le basalte qui les entoure, dans une autre partie de l'île, c'est-à-dire que dans les deux cas ces roches ont été injectées. Les roches de nature feldspathique étant plus anciennes que les nappes basaltiques qui les recouvrent et que les coulées basaltiques de la plaine côtière, obéissent à l'ordre de succession habituel de ces deux grandes divisions de la série volcanique.

Ce n'est qu'à la partie supérieure des couches de la plupart de ces collines qu'on peut distinguer les plans de séparation; les couches s'inclinent faiblement du centre de l'île vers la côte. L'inclinaison n'est pas identique dans toutes les collines; elle est plus faible dans la colline marquée A que dans les collines B, D ou E; les couches de la colline C s'écartent à peine d'un plan horizontal; et celles de la colline F (pour autant que j'ai pu en juger sans la gravir) sont faiblement inclinées en sens inverse, c'est-à-dire vers l'intérieur et vers le centre de l'île. Malgré ces différences d'inclinaison, leur similitude de forme extérieure et de constitution tant au sommet qu'à la base, leur disposition en une ligne courbe en présentant le flanc le plus escarpé vers l'intérieur de l'île, tout semble prouver qu'elles faisaient originairement partie d'un plateau qui s'étendait probablement autour d'une grande partie de la circonférence de l'île, comme je l'ai fait remarquer plus haut. Les couches supérieures ont coulé bien certainement à l'état de lave, et s' sont probablement étalées sous la mer, comme c'est aussi le cas pour les masses feldspathiques inférieures. Comment donc ces couches ont-elles été amenées à prendre leur position actuelle, et d'où ont-elles fait éruption ?

Au centre de l'île il existe des montagnes élevées (1), mais elles sont séparées du flanc escarpé intérieur de ces collines par une large étendue de pays de moindre altitude; d'ailleurs les montagnes de l'intérieur paraissent avoir été le centre d'éjaculation de grandes coulées de lave basaltique qui, se rétrécissant pour passer entre les pieds de ces collines, s'étalent ensuite sur la plaine côtière. Des roches basaltiques forment un cercle grossièrement dessiné autour des côtes de Sainte-Hélène, et à l'île Maurice on voit les restes d'un cercle semblable entourant tout au moins une partie de l'île, sinon l'île entière; la même question revient immédiatement se

(1) Je n'ai presque rien vu de l'intérieur de l'île. Près du village de Saint-Domingo il y a de magnifiques rochers de lave basaltique à gros grains cristallins. A 1 mille environ en amont du village, le long du petit ruisseau qui parcourt la vallée, la base du grand rocher est formée d'un basalte compact à grain fin, surmonté, en stratification concordante, d'un lit de galets. J'ai rencontré, près de Fuentes, des collines mamelonnées constituées par des roches feldspathiques compactes.

poser ici : comment ces masses ont-elles été amenées à prendre leur position actuelle et de quel centre éruptif proviennent-elles ? Quelle que puisse être la réponse, elle s'applique probablement à ces trois cas. Nous reviendrons sur ce sujet dans un autre chapitre.

Vallées voisines de la côte. — Elles sont larges, très plates et bordées ordinairement de falaises peu élevées. Certaines parties de la plaine basaltique sont parfois isolées par ces vallées, soit en partie, soit même complètement; l'espace où la ville de Praya est bâtie offre un exemple de ce fait. Le fond de la grande vallée qui s'étend à l'ouest de la ville est rempli, jusqu'à la profondeur de plus de 20 pieds, de galets bien arrondis, qui sont solidement cimentés, en certains endroits, par une matière calcaire blanche. La forme de ces vallées démontre à toute évidence qu'elles ont été creusées par les vagues de la mer, pendant la durée de ce soulèvement uniforme du pays attesté par le dépôt calcaire horizontal avec restes d'organismes marins actuels. En tenant compte de la conservation parfaite des coquilles contenues dans cette couche, il est étrange que je n'aie pu trouver un seul fragment de coquille dans le conglomérat qui occupe le fond des vallées. Dans la vallée qui se trouve à l'ouest de la ville, le lit de galets est coupé par une seconde vallée se greffant à la première sous forme d'affluent; mais cette dernière vallée même paraît beaucoup trop large et présente un fond beaucoup trop plat pour avoir été creusée par la petite quantité d'eau qui peut tomber pendant la saison humide, fort courte en cette contrée, car pendant le reste de l'année ces vallées sont absolument à sec.

Conglomérats récents. — J'ai trouvé sur les rivages de Quail-island des fragments de briques, des morceaux de fer, des galets et de grands fragments de basalte, unis en un conglomérat solide par un ciment peu abondant, formé d'une matière calcaire impure. Je puis dire, comme preuve de l'extrême solidité de ce conglomérat récent, que je me suis efforcé de dégager, à l'aide d'un lourd marteau de géologue, un gros morceau de fer enchâssé dans le banc un peu au-dessus de la laisse de basse mer, mais que j'ai été absolument incapable d'y parvenir.

CHAPITRE II

FERNANDO NORONHA, TERCEIRA, TAHITI, MAURICE
ROCHERS DE SAINT-PAUL

Fernando Noronha, colline escarpée de phonolite. — *Terceira*, roches trachytiques ; leur décomposition remarquable par l'action de la vapeur à haute température. — *Tahiti*, passage de la wacke au trapp ; roche volcanique intéressante à vacuoles tapissées de mésotype. — *Maurice*, preuves de son émersion récente ; structure de ses plus anciennes montagnes ; analogie avec San Thiago. — *Rochers de Saint-Paul*. Ils ne sont pas d'origine volcanique, leur composition minéralogique singulière.

Fernando Noronha. — J'ai observé fort peu de choses dignes d'une description pendant notre courte visite à cette île et aux quatre îles suivantes. Fernando Noronha est située dans l'océan Atlantique, par 3° 5o' lat. S., et à 23o milles de la côte de l'Amérique méridionale. Ce groupe est formé de divers îlots, ayant ensemble 9 milles de longueur sur 3 de largeur. Tout l'ensemble paraît être d'origine volcanique ; bien qu'il n'y ait de trace d'aucun cratère ni d'aucune éminence centrale. Le trait le plus remarquable de l'île est une colline haute de 1.ooo pieds, dont la partie supérieure, comprenant 4oo pieds, constitue un cône escarpé d'une forme étrange, composé de phonolite colonnaire contenant de nombreux cristaux de feldspath vitreux et quelques aiguilles de hornblende. Du point le plus élevé qu'il m'ait été possible d'atteindre sur cette colline, j'ai pu apercevoir, dans différentes parties du groupe, plu-

sieurs autres collines coniques, qui sont probablement
de la même nature.

Il y a à Sainte-Hélène de grandes masses protu-
bérantes et coniques de phonolite, hautes d'environ
1.000 pieds, formées par l'injection de lave feldspathique
fluide dans des couches qui ont cédé sous la pression.
Si, comme tout le fait supposer, cette colline a une origine semblable, la dénudation doit s'être produite ici
sur une très grande échelle. Près de la base de la colline,
j'ai observé des lits de tuf blanc coupés par de nombreux
dikes de basalte amygdaloïde ou de trachyte, et des lits
de phonolite schisteux avec plans de feuilletage orientés
N.-W. et S.-E. Certaines parties de cette roche, où les
cristaux étaient rares, ressemblaient beaucoup à une
ardoise ordinaire modifiée au contact d'un dike de trapp.
Ce feuilletage de roches qui ont été incontestablement
fluides me semble un sujet bien digne d'attention. Sur
la plage il y avait de nombreux fragments de basalte
compact, et à distance on voyait comme une façade à
colonnes formées par cette roche.

Terceira dans les Açores. — La partie centrale de
cette île est constituée par des montagnes irrégulièrement arrondies, assez peu élevées, formées de trachyte
dont le caractère général se rapproche beaucoup de celui
du trachyte de l'Ascension que nous décrirons plus loin.
Cette formation est recouverte en bien des points, et
suivant l'ordre de superposition ordinaire, par des coulées
de lave basaltique, qui, près de la côte, constituent la
surface du sol presque tout entière. On peut souvent
suivre de l'œil la route que ces coulées ont parcourue à
partir de leurs cratères. La ville d'Angra est dominée
par une colline cratériforme (Mount Brazil), entièrement constituée par des couches minces d'un tuf à grain
fin, rude au toucher et coloré en brun. Les couches
supérieures paraissent recouvrir les coulées basaltiques
sur lesquelles la ville est bâtie. Cette colline est presque

identique, au point de vue de la structure et de la composition, à un grand nombre de collines cratériformes de l'archipel des Galapagos.

Action de la vapeur d'eau sur les roches trachytiques. — Dans la partie centrale de l'île, on observe en un point des vapeurs qui s'échappent constamment, en jets, du fond d'une petite dépression en forme de ravin sans issue, et qui est accolée à une chaîne de montagnes trachytiques. La vapeur est projetée de plusieurs fentes irrégulières; elle est inodore. noircit rapidement le fer, et possède une température beaucoup trop élevée pour que la main puisse la supporter. Le trachyte compact est altéré d'une manière fort curieuse sur les bords de ces orifices : la base devient d'abord terreuse, avec des taches rouges dues évidemment à l'oxydation de particules de fer; ensuite elle devient tendre, et enfin les cristaux de feldspath vitreux cèdent eux-mêmes à l'agent de décomposition. Lorsque toute la masse est transformée en argile, l'oxyde de fer semble entièrement éliminé de certaines parties de la roche qui sont parfaitement blanches, tandis qu'il paraît s'être déposé en grande quantité sur des parties voisines colorées d'un rouge éclatant ; d'autres masses sont marbrées de ces deux couleurs. Certains échantillons de cette argile blanche, maintenant desséchés, ne sauraient être distingués à l'œil nu de la craie lavée la plus fine; et broyés sous la dent, ils présentent l'impression d'une finesse de grain uniforme; les habitants se servent de cette substance pour badigeonner leurs maisons. La cause pour laquelle le fer a été dissous dans certaines parties de la roche et déposé à peu de distance de là, est obscure, mais le fait a été observé en plusieurs autres points (1). J'ai trouvé, dans des échan-

(1) Spallanzani, Dolomieu et Hoffmann ont décrit des faits analogues dans les îles volcaniques d'Italie. Dolomieu dit (*Mémoire sur les Isles Ponces*, p. 86) qu'aux îles Ponza le fer a

tillons à moitié décomposés, de petits agrégats globulaires d'hyalite jaune, ressemblant à de la gomme arabique, et qui a été, sans aucun doute, déposée par la vapeur.

Comme il n'y a pas d'issue pour l'eau de pluie, qui ruisselle le long des parois de la cavité en forme de ravin d'où s'échappe la vapeur, toute la masse doit passer au travers des fissures qui sont au fond de cette cavité et s'infiltrer dans le sol. Quelques habitants m'ont rapporté que, d'après la tradition, des flammes (un phénomène lumineux ?) s'étaient échappées autrefois de ces fissures. et qu'aux flammes avaient succédé des émanations de vapeur; mais il m'a été impossible d'obtenir des renseignements certains, quant à la date à laquelle ces faits se seraient produits, ni sur les faits eux-mêmes.

L'étude des lieux m'a conduit à supposer que l'injection d'une grande masse rocheuse semi-fluide, comme serait le cône de phonolite à Fernando Noronha, en soulevant en voûte la surface du sol, peut avoir déterminé la formation d'une cavité en forme de coin à fond crevassé, et que l'eau des pluies, pénétrant jusqu'au voisinage des masses à haute température, a été transformée en vapeur et expulsée sous cette forme pendant une longue suite d'années.

Tahiti (Otaheite). — Je n'ai visité qu'une partie de la région nord-ouest de cette île. elle est entièrement formée de roches volcaniques. Près de la côte on observe plusieurs variétés de basalte, dont les unes abondent en grands cristaux d'augite et en olivine altérée. et dont d'autres sont compactes et terreuses; — quelques-unes sont légèrement vésiculaires, et d'autres parfois amyg-

été redéposé sous forme de veines. Ces auteurs croient aussi que la vapeur dépose de la silice; il est démontré expérimentalement aujourd'hui qu'à haute température la vapeur peut dissoudre la silice.

daloïdes. Ces roches sont d'habitude fortement décomposées, et, à ma grande surprise, je remarquai que dans plusieurs coupes il était impossible de distinguer, même approximativement, la ligne de séparation entre la lave décomposée et les lits de tuf alternant avec elle. Depuis que les échantillons se sont desséchés, il est cependant plus facile de distinguer les roches ignées décomposées des tufs sédimentaires. Je pense que l'on peut expliquer cette transition de caractères entre des roches dont l'origine est aussi différente, par le fait que les parois des cavités vésiculaires, qui occupent une grande partie de la masse dans plusieurs roches volcaniques, ont cédé sous la pression, lorsqu'elles étaient ramollies par l'action de la chaleur. Comme le nombre et la dimension des vacuoles s'accroissent généralement dans les parties supérieures d'une coulée de lave, les effets de leur compression s'accroîtront en même temps. En outre, chaque vacuole située plus bas doit contribuer, en cédant sous la pression, à déranger toute la masse pâteuse qui la surmonte. Nous pouvons donc nous attendre à trouver une gradation complète depuis une roche cristalline non modifiée jusqu'à une roche dont toutes les particules (quoique faisant partie, à l'origine, d'une même masse solide) ont subi un déplacement mécanique; et ces particules pourront être difficilement distinguées d'autres dont la composition est la même, mais qui ont été déposées comme matières sédimentaires. Puisque des laves sont quelquefois laminées à leur partie supérieure, on comprend que des lignes horizontales, rappelant celles des dépôts aqueux, ne peuvent pas dans tous les cas être envisagées comme une preuve d'origine sédimentaire. Si l'on tient compte de ces considérations, on ne sera pas surpris qu'autrefois beaucoup de géologues aient cru qu'il existait des transitions réelles réunissant les dépôts aqueux, en passant par la wacke, aux trapps ignés.

Dans la vallée de Tia-auru, les roches les plus fréquentes sont des basaltes riches en olivine, et parfois presque entièrement composés de grands cristaux d'augite. J'ai recueilli quelques spécimens contenant beaucoup de feldspath vitreux et dont le caractère se rapproche de celui du trachyte. On rencontre aussi un grand nombre de gros blocs de basalte scoriacé dont les cavités sont tapissées de chabasie (?) et de mésotype fibrorayonné. Quelques-uns de ces spécimens offraient une apparence singulière, due à ce qu'une partie des vacuoles étaient à moitié remplies d'un minéral mésotypique blanc, tendre et terreux, qui gonflait sous le chalumeau d'une manière remarquable. Comme les surfaces supérieures, dans toutes les vacuoles à moitié remplies, sont exactement parallèles, il est évident que cette substance est descendue au fond de chaque vacuole sous l'action de son propre poids. Parfois cependant les vacuoles sont complètement remplies. D'autres vacuoles sont ou bien remplies, ou bien tapissées de petits cristaux qui paraissent être de la chabasie; fréquemment aussi ces cristaux tapissent la moitié supérieure des vacuoles qui sont partiellement remplies par le minéral terreux, ainsi que la surface supérieure de cette dernière substance; dans ce cas les deux minéraux semblent se fondre l'un dans l'autre. Je n'ai jamais vu une roche amygdaloïdale (1) dont les vacuoles fussent à moitié remplies comme celles que nous venons de décrire; il est difficile de découvrir la cause pour laquelle ce minéral terreux s'est déposé au fond des vacuoles sous l'influence de son propre poids, et pour quelle raison le minéral cristallin s'est déposé en enduit d'épaisseur uniforme sur les parois des vacuoles.

(1) Cependant Mac-Culloch a décrit et a figuré ,Geolog. Trans. 1st series, vol. IV, p. 225) un trapp dont les cavités étaient remplies de quartz et de calcédoine disposés en zones horizontales. La moitié supérieure de ces cavités est souvent remplie par des couches qui suivent toutes les irrégularités de la surface, et par de petites stalactites suspendues, formées des mêmes substances siliceuses.

Sur les flancs de la vallée, les bancs basaltiques sont
doucement inclinés vers la mer, et je n'ai observé nulle
part qu'ils fussent dérangés de leur position normale;
ils sont séparés l'un de l'autre par des lits épais et compacts de conglomérats à fragments volumineux, quelquefois arrondis, mais généralement anguleux. Le caractère de ces bancs, l'état compact et la nature cristalline de la plupart des laves, ainsi que la nature des
minéraux qui s'y sont formés par infiltration, me portent
à croire que la coulée s'est étalée primitivement sous la
mer. Cette conclusion s'accorde avec le fait que le Rév.
W. Ellis a rencontré, à une altitude considérable, des
restes d'organismes marins dans des couches qu'il croit
interstratifiées avec des matières volcaniques. De plus,
MM. Tyermann et Bennet ont signalé des faits semblables à Huaheine, autre île de cet archipel; en outre,
M. Stutchbury a découvert une couche de corail semi-fos-
sile au sommet d'une des montagnes les plus élevées de
Tahiti, à l'altitude de plusieurs milliers de pieds. Aucun
de ces restes fossiles n'a été déterminé spécifiquement.
J'ai vainement cherché la trace d'un soulèvement récent
sur la côte, où les grandes masses coraliennes qui s'y
trouvent en auraient fourni des preuves irréfutables.
Je renvoie le lecteur à mon ouvrage sur *la Structure et la Distribution des récifs coraliens*, pour les
citations des auteurs dont j'ai parlé et pour l'exposition
détaillée des raisons qui m'empêchent de croire que
Tahiti a subi un soulèvement récent.

Maurice. — Lorsqu'on approche de cette île du côté
du N. ou du N.-W., on voit une chaîne recourbée de
montagnes escarpées, surmontées de pics très abrupts,
dont le pied surgit d'une zone unie de terrain cultivé, qui
s'incline doucement jusqu'à la côte. La première impression qu'on éprouve est que la mer atteignait, à une époque
peu reculée, le pied de ces montagnes, et après un examen attentif cette impression se confirme, au moins pour

la partie inférieure de cette zone. Divers auteurs (1) ont décrit des masses de roche corallienne soulevées sur la plus grande partie de la circonférence de l'île. Entre Tamarin Bay et Great Black River j'ai observé avec le capitaine Lloyd deux monticules de roche corallienne, dont la partie inférieure est formée de grès calcareux dur, et la partie supérieure, de grands blocs à peine agrégés, constitués par des Astrées, des Madrépores et des fragments de basalte; ils étaient disposés en bancs plongeant vers la mer sous un angle qui dans un cas était de 8 et dans un autre de 18°; ils semblaient avoir été exposés à l'action des vagues, et ils s'élevaient brusquement à la hauteur d'environ 20 pieds, d'une surface unie jonchée de débris organiques roulés. L'*Officier du Roi* a décrit dans son intéressant voyage autour de l'île, en 1768, des masses de roches coralliennes soulevées, conservant encore cette structure en forme de fossé (V. mon ouvrage sur les récifs coralliens, p. 54) caractéristique pour les récifs vivants. J'ai observé sur la côte, au nord de Port-Louis, que la lave était cachée, sur une distance considérable dans la direction du centre de l'île, par un conglomérat de coraux et de coquilles, semblables à ceux de la plage, mais cimentés par une matière ferrugineuse rouge. M. Bory de Saint-Vincent a décrit des lits calcareux semblables s'étendant sur la plaine de Pamplemousses presque tout entière. En retournant de grandes pierres qui gisaient dans le lit d'une rivière, à l'extrémité d'une crique abritée, près de Port-Louis et à quelques yards au-dessus du niveau des fortes marées, j'ai trouvé plu-

(1) Dans Hooker, *Bot. Misc.*, vol. II, p. 301, le capitaine Carmichael. Le capitaine Lloyd a décrit récemment quelques-unes de ces masses avec beaucoup de soin dans les *Proceedings of the geological Society* (vol. III, p. 317). Plusieurs faits intéressants sont rapportés sur ce sujet dans le *Voyage à l'Isle de France, par un Officier du Roi*. Consulter aussi *Voyage aux quatre Isles d'Afrique* par M. Bory de Saint-Vincent.

sieurs coquilles de serpules encore adhérentes à la face inférieure de ces pierres.

Les montagnes dentelées voisines de Port-Louis s'élèvent à la hauteur de 2 à 3.000 pieds ; elles sont constituées par des couches de basalte, séparées les unes des autres, d'une manière peu nette, par des bancs de matières fragmentaires fortement agrégés, et elles sont coupées par quelques dikes verticaux. Ce basalte, généralement compact, abonde dans certaines parties en grands cristaux d'augite et d'olivine. L'intérieur de l'île est une plaine, élevée probablement d'environ 1.000 pieds au-dessus du niveau de la mer, et formée par des nappes de lave qui se sont répandues autour des montagnes basaltiques ravinées et ont comblé les vallées qui les séparent. Ces laves plus récentes sont également basaltiques, mais moins compactes, et un certain nombre d'entre elles abondent en feldspath au point qu'elles fondent en un verre de couleur pâle. Sur les bords de Great River on peut voir une coupe d'environ 500 pieds de hauteur, qui met à découvert de nombreuses nappes minces de lave basaltique séparées les unes des autres par des lits de scories. Ces laves paraissent d'origine subaérienne et semblent s'être écoulées de divers points d'éruption situés sur le plateau central, dont le plus important est, dit-on, le Piton du Milieu. Il y a aussi plusieurs cônes volcaniques qui sont probablement de cette même période moderne, répartis sur le pourtour de l'île, spécialement à l'extrémité septentrionale, où ils forment des îlots séparés.

L'ossature principale de l'île est formée par les montagnes de basalte plus compact et plus riche en cristaux. M. Bailly (1) affirme que toutes ces montagnes « se développent autour d'elle comme une ceinture d'immenses remparts, toutes affectant une pente plus ou moins inclinée vers le rivage de la mer, tandis que, au con-

(1) *Voyages aux Terres australes*, t. I, p. 54.

traire, vers le centre de l'île elles présentent une coupe abrupte et souvent taillée à pic. Toutes ces montagnes sont formées de couches parallèles inclinées du centre de l'île vers la mer ». Ces observations ont été discutées d'une manière générale par M. Quoy, dans le *Voyage de Freycinet*. J'ai constaté leur parfaite exactitude pour autant que les moyens d'observation insuffisants dont je disposais m'aient permis de le faire (1). Les montagnes que j'ai visitées dans le nord-ouest de l'île, notamment La Pouce, Peter Botts, Corps de Garde, Les Mamelles, et probablement une autre encore située plus au sud, offrent précisément la forme externe et la disposition des couches décrites par M. Bailly. Elles constituent le quart environ de sa ceinture de remparts. Quoique ces montagnes soient aujourd'hui isolées, et séparées les unes des autres par des brèches, dont la largeur atteint même plusieurs milles, au travers desquelles se sont répandus des déluges de lave partis de l'intérieur de l'île, pourtant en voyant les grandes analogies qu'elles présentent, on reste convaincu qu'elles ont fait partie, à l'origine, d'une seule masse continue. A en juger d'après la belle carte de l'île Maurice publiée par l'Amirauté d'après un manuscrit français, il existe à l'autre extrémité de l'île une chaîne de montagnes (M. Bambou) correspondant comme hauteur, position relative et forme extérieure, à celle que je viens de décrire. Il est douteux que la ceinture ait jamais été complète, mais on peut conclure avec certitude de ce qu'avance M. Bailly et de mes propres observations, qu'à une certaine époque des montagnes, formées de couches inclinées vers l'extérieur et présentant vers l'intérieur des flancs à pic, s'étendaient sur une grande partie de la circonférence de l'île. La ceinture semble avoir été ovale et de très grandes dimensions, car son petit axe, mesuré entre la partie interne

(1) M. Lesson semble admettre les idées de M. Bailly dans la description qu'il a faite de l'île dans le *Voyage de la « Coquille »*.

des montagnes voisines de Port-Louis et celles des environs de Grand-Port, n'a pas moins de i3 milles géographiques de longueur. M. Bailly ne craint pas d'admettre que ce vaste golfe, comblé ultérieurement en
grande partie par des coulées de lave modernes, a été
formé par l'affaissement de toute la partie supérieure
d'un grand volcan.

Il est singulier de voir sous combien de rapports
concorde l'histoire géologique de ces parties des îles
San Thiago et Maurice que j'ai visitées. Dans les deux
îles la ligne des côtes est suivie par une chaîne courbe
de montagnes présentant la même forme extérieure, la
même stratification et la même composition (tout au
moins en ce qui concerne les couches supérieures).
Dans les deux cas ces montagnes semblent avoir fait
partie, à l'origine, d'une masse continue. Si on compare la structure compacte et cristalline des couches de
basalte qui les constituent avec celle des coulées basaltiques voisines, de formation subaérienne, on est conduit à admettre que les premières se sont étalées en
nappes sur le fond de la mer et qu'elles ont été émer-
gées ensuite. Nous pouvons supposer que les larges
brèches entre les montagnes ont été, dans les deux cas,
ouvertes par l'action des vagues, pendant leur soulèvement graduel, phénomène qui a continué à se produire
encore à une période relativement récente, dans chacune
de ces îles, ainsi que le montrent des preuves évidentes
qu'on peut constater sur leurs rivages. Dans ces deux
îles, de grandes coulées de laves basaltiques plus récentes, émises du centre de l'île, se sont étalées autour
des anciennes collines basaltiques et ont comblé les vallées qui les séparaient; en outre, des cônes d'éruptions
récentes ont surgi sporadiquement sur le pourtour des
deux îles; enfin, pas plus à San Thiago qu'à Maurice on
ne constate d'éruption durant la période historique.
Comme on l'a fait remarquer dans le dernier chapitre, il
est probable que ces anciennes montagnes basaltiques,

qui ressemblent, à bien des égards, à la partie inférieure ruinée de deux énormes volcans, doivent leur forme actuelle, leur structure et leur position à l'action de causes semblables.

Rochers de Saint-Paul. — Cette petite île est située dans l'océan Atlantique, à 1° environ, au nord de l'Équateur, et à 540 milles de l'Amérique du Sud, par 29° 15′ de longitude ouest. Son point culminant ne s'élève qu'à 50 pieds à peine au-dessus du niveau de la mer ; ses contours sont irréguliers, et sa circonférence entière ne mesure que trois quarts de mille. Cette petite pointe rocheuse s'élève à pic dans l'Océan ; et, sauf sur sa côte ouest, les sondages qu'on a opérés n'ont pas atteint le fond, même à la faible distance d'un quart de mille du rivage. Elle n'est pas d'origine volcanique, et à cause de ce fait, qui est le plus saillant de son histoire comme nous le verrons plus loin, il n'y aurait pas lieu d'en traiter dans cet ouvrage. Cette île est formée de roches qui diffèrent de toutes celles que j'ai rencontrées, et je ne saurais les caractériser par aucun nom ; je dois donc les décrire.

La variété la plus simple, et qui est aussi l'une des plus abondantes, est une roche très compacte, lourde, d'un noir verdâtre, à cassure anguleuse et irrégulière : certaines arêtes sont assez dures pour rayer le verre, et la roche est infusible. Cette variété passe à d'autres d'un vert plus pâle, moins dures, mais dont la cassure est plus cristalline, translucides sur les bords et qui sont fusibles en un émail vert. Plusieurs variétés sont caractérisées principalement par le fait qu'elles contiennent d'innombrables filaments de serpentine vert sombre, et que leurs interstices sont remplis par une matière calcaire. Ces roches ont une structure concrétionnée peu visible, et sont remplies de pseudo-fragments anguleux de coloration variée. Ces pseudo-fragments anguleux sont formés par la roche vert sombre décrite en premier lieu, par une variété brune, plus tendre, de serpentine et par une roche jaunâtre, rude au toucher, et qui doit probablement être rapportée à une roche serpentineuse. Il y a encore dans l'île d'autres roches, tendres, vésiculaires et de nature calcaréo-ferrugineuse. On n'observe pas de stratification bien distincte, mais une partie des roches est imparfaitement laminaire, et tout l'ensemble est veiné par des filons de diverses dimensions et des masses ressemblant à des veines, dont quelques-unes, qui sont calcaires et renferment de petits fragments de coquilles, sont incontestablement d'origine postérieure aux autres.

Incrustation luisante. — Une grande partie de ces roches sont revêtues d'une substance polie et luisante, à éclat perlé, blanc-grisâtre ; cet enduit suit toutes les irrégularités de la surface à laquelle il adhère fortement. En examinant cette substance à la loupe, on reconnaît qu'elle est formée d'un grand nombre de couches excessivement minces, dont l'épaisseur totale atteint environ un dixième de pouce. Cette matière est beaucoup plus dure que le spath calcaire, mais elle peut être rayée au couteau. Au chalumeau elle s'exfolie, décrépite, noircit légèrement, émet une odeur fétide et devient fortement alcaline ; elle ne fait pas effervescence aux acides (1). Je suppose que cette substance a été déposée par l'eau qui filtre au travers des excréments d'oiseaux dont les rochers sont couverts. J'ai observé à l'île de l'Ascension des masses stalactitiques irrégulières paraissant être de la même nature, près d'une cavité de la roche qui était remplie d'une masse lamelleuse formée de fiente d'oiseaux amenée là par l'infiltration. Lorsqu'on les casse, ces masses offrent une texture terreuse, mais, à la partie externe et surtout à leur extrémité, elles sont formées

(1) J'ai décrit cette substance dans mon *Journal*. Je la croyais alors constituée par un phosphate de chaux impur.

d'une substance perlée, ordinairement disposée en petits globules, ressemblant à l'émail des dents, mais plus fortement translucide, et assez dure pour rayer le verre. Cette substance noircit légèrement au chalumeau, dégage une odeur désagréable, devient ensuite absolument blanche en se boursouflant un peu, et fond en un émail blanc terne ; elle ne devient pas alcaline et ne fait pas effervescence aux acides. Toute la masse offre un aspect ridé, comme si elle s'était fortement contractée lors de la formation de la croûte dure et luisante. Aux îles Abrolhos sur la côte du Brésil, où le guano abonde, j'ai trouvé, en grande quantité, une substance brune, arborescente, adhérant à une roche trappéenne. Cette substance ressemble beaucoup, sous sa forme arborescente, à quelques-unes des variétés ramifiées de Nullipores. Elle présente, au chalumeau, les mêmes caractères que les spécimens provenant de l'Ascension ; mais elle est moins dure et moins brillante, et sa surface n'a pas l'aspect ridé.

CHAPITRE III

Laves basaltiques. — Nombreux cratères tronqués du même côté. — Structure singulière de bombes volcaniques. — Explosions de masses gazeuses. — Fragments granitiques éjaculés. — Roches trachytiques. — Veines remarquables. — Jaspe, son mode de formation. — Concrétions dans le tuf ponceux. — Dépôts calcaires et incrustations dendritiques sur la côte. — Couches laminées alternant avec de l'obsidienne et passant à cette roche. — Origine de l'obsidienne. — Lamination des roches volcaniques.

Cette île est située dans l'océan Atlantique, par 8° lat. S. et 14° long. W. Elle a la forme d'un triangle irrégulier (Voir la carte ci-jointe), dont chaque côté mesure environ 6 milles de longueur. Son point culminant se trouve à 2.870 pieds (1) au-dessus du niveau de la mer. Elle est entièrement volcanique, et, vu l'absence de preuves contraires, je la crois d'origine subaérienne. La roche fondamentale est de nature feldspathique, elle offre partout une couleur pâle, et elle est généralement compacte. Dans la région sud-est de l'île, qui est aussi la plus élevée, on trouve du trachyte bien caractérisé et d'autres roches analogues appartenant à cette famille lithologique si variée. La circonférence presque tout entière est couverte de coulées de lave basaltique noire et rugueuse ; on y voit poindre de-ci de-là une colline ou une simple

(1) *Geographical Journal*, vol. V, p. 243.

pointe de rocher constituées par du trachyte qui n'a pas
été recouvert. L'un de ces pointements, près du bord de
la mer, au nord du fort, n'a que 2 ou 3 yards de diamètre.

Roches basaltiques. — La lave basaltique sous-jacente
est extrêmement celluleuse en certains points, beaucoup
moins en d'autres ; sa couleur est noire, mais elle contient quelquefois des cristaux de feldspath vitreux, parfois aussi, mais rarement, une grande quantité d'olivine.
Ces coulées semblent avoir été singulièrement peu fluides ;
leurs parois et leur extrémité sont très escarpées, et n'ont
pas moins de 20 à 30 pieds de haut. Leur surface est extraordinairement raboteuse, et à distance elle paraît par-
semée d'un grand nombre de petits cratères. Ces intu-
mescences sont des monticules larges, irrégulièrement
coniques, traversés de fissures, et formés par un basalte
plus ou moins scoriacé, comme les coulées environnantes,
mais possédant une structure colonnaire mal définie ; leur
hauteur au-dessus de la surface générale varie de 8 à
30 pieds, et ils ont été formés, je pense, par l'accumulation de la lave visqueuse aux points où elle rencontrait
une plus grande résistance. A la base de plusieurs de ces
monticules, et parfois aussi en des parties plus horizontales de la coulée, des côtes épaisses s'élèvent à 2 ou
3 pieds au-dessus de la surface ; elles sont formées de
masses de basalte angulo-globulaires, ressemblant par
leur forme et par leur dimension à des tuyaux de terre
cuite recourbés, ou à des gouttières de la même matière,
mais elles ne sont pas creuses ; j'ignore quelle peut avoir
été leur origine. Un grand nombre de fragments superficiels de ces coulées basaltiques offrent des formes singulièrement contournées, et plusieurs spécimens ressemblent, à s'y méprendre, à des blocs de bois de couleur
sombre sans écorce.

Plusieurs des coulées basaltiques peuvent être suivies,
soit jusqu'aux points d'éruption à la base de la grande

masse centrale de trachyte, soit jusqu'à des collines isolées, coniques, de teinte rougeâtre, qui sont éparpillées
sur le littoral du nord et de l'ouest de l'île. Du haut de
l'éminence centrale, j'ai compté vingt à trente de ces
cônes d'éruption. Le sommet tronqué de la plupart
d'entre eux est coupé obliquement, et tous présentent une
pente vers le sud-est, point d'où souffle le vent alizé (1).
Cette structure est due, sans aucun doute, à l'action du
vent, qui a poussé en plus grande quantité dans un sens
que dans l'autre les fragments et les cendres rejetés pendant les éruptions. M. Moreau de Jonnès a fait une observation semblable pour les volcans des Antilles.

Bombes volcaniques. — On les rencontre en grand
nombre, répandues sur le sol, et quelques-unes d'entre
elles se trouvent à une distance considérable de tout point
d'éruption. Leur dimension varie de celle d'une pomme à
celle du corps d'un homme ; elles sont sphériques ou py-
riformes, et l'extrémité postérieure (qui répondrait à la
queue d'une comète) est irrégulière et hérissée de pointes
saillantes ; elle peut même être concave. Leur surface est
rugueuse et traversée de fentes ramifiées ; leur structure
interne est irrégulièrement scoriacée et compacte, ou
offre un aspect symétrique fort remarquable. La gravure
représente très exactement un segment irrégulier d'une
bombe appartenant à cette dernière espèce, et dont j'ai
trouvé plusieurs spécimens. Elle avait à peu près la grandeur d'une tête d'homme. La partie interne tout entière
est grossièrement celluleuse ; le diamètre moyen des vacuoles est d'un dixième de pouce environ, mais leur dimension décroît graduellement vers la partie externe de
la bombe. Cette partie interne est entourée d'une croûte

(1) M. Lesson a observé ce fait (Voir la *Zoologie du voyage de
la « Coquille »*, p. 490). M. Hennah (*Geolog. Proceedings*, 1835,
p. 189) fait observer en outre qu'à l'Ascension les lits de cendre
les plus étendus se trouvent invariablement du côté sous le
vent.

de lave compacte, nettement limitée, offrant une épaisseur presque uniforme d'environ un tiers de pouce. La croûte est recouverte d'une enveloppe un peu plus épaisse de lave finement celluleuse (dont les vacuoles varient en diamètre d'un cinquantième à un centième de pouce), et qui forme la surface extérieure. La limite qui sépare la

Fig. 3. — Fragment d'une bombe volcanique sphérique, dont la partie interne grossièrement celluleuse est entourée d'une couche de lave compacte recouverte d'une croûte formée par une roche finement celluleuse.

croûte de lave compacte de l'enduit scoriacé externe est nettement définie. On peut facilement se rendre compte de cette structure en supposant qu'une masse de matière visqueuse et scoriacée soit projetée dans l'air, et animée d'un mouvement rotatoire rapide. En effet, pendant que la croûte extérieure se solidifiait par refroidissement (et prenait l'état où nous la voyons aujourd'hui), la force centrifuge, en réduisant la pression à l'intérieur de la bombe, devait permettre aux vapeurs chaudes de dilater les vacuoles, mais celles-ci, comprimées par la même force contre la croûte déjà solidifiée, devaient diminuer graduellement de volume, et à mesure qu'elles étaient plus rapprochées de cette croûte externe, leur volume devait toujours aller se réduisant jusqu'au moment où la partie interne était emprisonnée dans une croûte massive concentrique. Nous savons que des éclats peuvent être projetés d'une meule (1) lorsqu'elle est animée d'un mouvement de rotation assez rapide, nous ne devons donc pas douter que la force centrifuge soit assez puissante pour modifier, comme nous le supposons ici, la structure d'une bombe encore à l'état plastique. Des géologues ont fait observer que la forme extérieure d'une bombe nous révèle immédiatement l'histoire de sa course aérienne, et nous constatons maintenant que sa structure interne peut nous redire presque aussi clairement le mouvement rotatoire dont elle était animée.

M. Bory de Saint-Vincent (2) a décrit des masses arrondies de lave trouvées à l'île Bourbon, qui ont une structure tout à fait semblable ; pourtant son interprétation (si je la comprends bien) est fort différente de celle que j'ai donnée, car il suppose que ces corps ont roulé, comme des boules de neige, le long des flancs du cratère.

M. Beudant (3) a décrit de singulières petites sphères d'obsidienne, dont le diamètre ne dépasse jamais 6 à 8 pouces, et qu'il a trouvées répandues à la surface du sol. Elles sont toujours de forme ovale, parfois elles sont fortement renflées par le milieu, et même fusiformes ; leur surface est recouverte de crêtes et de sillons concentriques, disposés avec une certaine régularité, et qui sont tous perpendiculaires à un axe du globule ; la partie interne est compacte et vitreuse. M. Beudant suppose que des masses de lave encore plastique ont été projetées

(1) Nichol, *Architecture of Heavens.*
(2) *Voyage aux Quatre Isles d'Afrique*, t. I, p. 222.
(3) *Voyage en Hongrie*, t. II, p. 214.

dans l'air et animées d'un mouvement rotatoire autour
d'un même axe, ce qui a déterminé la forme de la bombe
et des côtes superficielles. Sir Thomas Mitchell m'a donné
un échantillon qui semble être, à première vue, la moitié
d'un globe d'obsidienne fortement aplati; il a singulièrement l'aspect d'un objet artificiel, et cet aspect est exactement représenté (en grandeur naturelle) dans la gravure
ci-jointe. Cet échantillon a été trouvé, tel que nous le
voyons, dans une grande plaine sa-
blonneuse, entre les rivières Dar-
ling et Murray en Australie, et à
plusieurs centaines de milles de
toute région volcanique connue. Il
paraît avoir été enfoui dans une
matière tufacée rougeâtre, et peut-
être a-t-il été transporté par les
aborigènes ou par des agents natu-
rels. La coupe ou enveloppe externe
est formée d'obsidienne compacte,
de couleur vert bouteille, et elle est
remplie de lave noire finement celluleuse beaucoup moins transparente et moins vitreuse que l'obsidienne. La surface extérieure porte

Fig. 4. — Bombe vol-
canique d'obsidienne
d'Australie, vue de
face dans la figure
supérieure et de profil
dans la figure infé-
rieure.

quatre ou cinq côtes assez peu nettes, que dans la figure
on a peut-être représentées en les exagérant. Nous avons
donc ici la structure externe décrite par M. Beudant et la
nature celluleuse interne des bombes de l'Ascension. La
lèvre de la coupe extérieure est légèrement concave, exactement comme le bord d'une assiette creuse, et son bord
interne surplombe un peu de lave cellulaire centrale.
Cette structure est tellement symétrique sur toute la circonférence, qu'on est obligé d'admettre que la bombe a
fait explosion pendant sa course aérienne, alors qu'elle
était encore animée d'un mouvement de rotation, avant
d'être entièrement solidifiée, et que la lèvre et les bords
ont été ainsi légèrement modifiés et infléchis vers l'inté-

rieur. On peut observer que les côtes extérieures sont situées dans des plans perpendiculaires à un axe oblique au grand axe de l'ovoïde aplati : nous devons supposer, pour expliquer ce fait, que, lors de l'explosion de la bombe, l'axe de rotation a subi un déplacement

Explosions de masses gazeuses. — Les flancs de Green Mountain et la contrée environnante sont couverts d'une grande quantité de fragments incohérents, formant une masse épaisse de quelques centaines de pieds. Les couches inférieures consistent généralement en tufs à grain fin à peine consolidés (1), et les lits supérieurs en grands fragments détachés, alternant avec des lits de matières moins grossières (2). Une couche blanche rubanée de brèche ponceuse décomposée était reployée d'une façon remarquable en fortes courbes ininterrompues, au-dessous de chacun des grands fragments du banc surincombant. Je suppose, d'après la position relative de ces bancs, qu'un cratère à orifice étroit, occupant à peu près l'emplacement de Green Mountain, a lancé comme un énorme fusil à air, avant son extinction finale, cette vaste accumulation de matériaux meubles. Des dislocations très importantes se sont produites posté-

(1) Une variété de cette pépérine ou tuf est assez dure pour ne pouvoir être brisée même sous la pression la plus forte des doigts.

(2) A la partie nord de Green Mountain, on observe une couche mince d'oxyde de fer compacte, épaisse d'un pouce environ, qui s'étend sur une surface considérable ; elle est en stratification concordante avec la partie inférieure de la masse stratifiée de cendres et de fragments. Cette substance est d'un brun rougeâtre, à éclat presque métallique ; elle n'est pas magnétique, mais le devient lorsqu'elle a été chauffée au chalumeau, elle noircit alors et fond en partie. Cette roche compacte retient la petite quantité d'eau de pluie qui tombe dans l'île, et donne naissance ainsi à une petite source coulant goutte à goutte, que Dampier a découverte le premier. C'est la seule eau douce que l'on trouve dans l'île, de sorte qu'elle n'est habitable que grâce à l'existence de cette couche ferrugineuse.

rieurement à cet événement, et un cirque ovale a été formé par affaissement. Cet espace affaissé se trouve au pied nord-est de Green Mountain, et il est nettement indiqué sur la carte qui accompagne cet ouvrage. Son grand axe, répondant à une ligne de fissure dirigée N.-E.-S.-W., a une longueur de trois cinquièmes de mille marin ; les bords de ce cirque sont presque verticaux, sauf en un seul point, et ont à peu près 400 pieds de hauteur ; à la partie inférieure ils sont constitués par un basalte feldspathique de couleur pâle, et à la partie supérieure par du tuf et par des fragments projetés à l'état incohérent ; le fond est uni, et sous tout autre climat il se serait formé en cet endroit un lac profond. A juger par l'épaisseur du banc de fragments incohérents qui recouvre la contrée environnante, la masse de matière gazeuse qui les a projetés doit avoir été énorme. Nous pouvons conclure vraisemblablement de ces faits, qu'après l'explosion, de vastes cavernes auront été formées sous le sol, et que l'écroulement de la voûte de l'une d'entre elles a formé la cavité que nous venons de décrire. Dans l'archipel des Galapagos on rencontre souvent des fosses d'un caractère semblable, mais de dimension beaucoup moindre, à la base de petits cônes d'éruption.

Fragments granitiques projetés. — Il n'est pas rare de trouver dans le voisinage de Green Mountain des fragments de roches hétérogènes empâtés dans des masses de scories. Le lieutenant Evans, à l'amabilité duquel je dois un grand nombre de renseignements, m'en a donné plusieurs spécimens, et j'en ai trouvé d'autres moi-même. Ils ont presque tous une structure granitique, ils sont cassants, rudes au toucher, et leur couleur est évidemment altérée : 1° Une syénite blanche, rayée et tachetée de rouge, elle est formée de feldspath bien cristallisé, de nombreux grains de quartz et de cristaux de hornblende brillants quoique petits. Le feldspath et la hornblende de cet échantillon et de ceux dont on parlera dans la suite

ont été déterminés à l'aide du goniomètre à réflexion, et le
quartz par sa manière d'être au chalumeau. D'après son
clivage, le feldspath de ces fragments projetés ainsi que
la variété vitreuse que l'on trouve dans le trachyte, est
un feldspath potassique. — 2° Une masse rouge brique
de feldspath, de quartz et de petites plages d'un minéral
décomposé dont un petit fragment m'a montré le clivage
de la hornblende. — 3° Une masse de feldspath blanc à
cristallisation confuse, avec de petits nids d'un minéral
de couleur sombre, souvent cariés, arrondis sur les bords,
à cassure luisante, mais sans clivage distinct; sa comparaison avec le second spécimen m'a démontré que c'était
de la hornblende fondue. — 4° Une roche qui, à première
vue, semble être une simple agrégation de grands cristaux distincts de Labrador gris (1); mais dans les interstices de ces cristaux il y a un peu de feldspath grenu
blanc, de nombreuses paillettes de mica, et un peu de
hornblende altérée; je ne crois pas qu'il y ait du quartz.
J'ai décrit ces fragments en détail parce qu'on rencontre
rarement (2) des roches granitiques projetées par des

(1) Le professeur Miller a bien voulu examiner ce minéral. Il
a observé deux bons clivages de 86°3o′ et 86°5o′. La moyenne de
plusieurs clivages que j'ai mesurés était 86°3o′. Le professeur
Miller constate que ces cristaux, réduits en poudre fine, sont
solubles dans l'acide chlorhydrique avec résidu de silice; l'addi-
tion d'oxalate d'ammonium donne un abondant précipité de
chaux. Il fait remarquer, en outre, que, d'après von Kobell,
l'anorthite (minéral qu'on rencontre dans les fragments projetés
au Monte-Somma) est toujours blanche et transparente, de sorte
que, s'il en est ainsi, ces cristaux de l'Ascension doivent être considérés comme du feldspath Labrador. Le professeur Miller ajoute
qu'il a vu dans *Erdmann's Journal für technische Chemie* la description d'un minéral rejeté par un volcan, qui offrait les caractères extérieurs du Labrador, mais dont la composition différait
de celle donnée pour cette espèce par les minéralogistes. L'auteur attribuait cette différence à une erreur dans l'analyse du
Labrador qui est fort ancienne.

(2) Daubeny remarque, dans son ouvrage sur les *Volcans*
(p. 386), qu'il en est ainsi; et de Humboldt dit (*Personal Narra-*

volcans et *dont les minéraux n'aient pas subi de modifi-*
cations, comme c'est le cas pour le premier spécimen,
et dans une certaine mesure pour le second. Un autre
grand bloc trouvé ailleurs mérite d'être signalé ; c'est
un conglomérat contenant de petits fragments de roches
granitiques, celluleuses et jaspeuses, et de porphyre
pétro-siliceux empâtés dans une masse fondamentale de
wacke et traversés d'un grand nombre de couches
minces de rétinite concrétionnée passant à l'obsidienne.
Ces couches sont parallèles, peu étendues, et légèrement
incurvées, elles s'amincissent à leurs extrémités et rap-
pellent par leur forme les couches de quartz dans le
gneiss. Il est probable que ces petits fragments empâtés
n'ont pas été projetés à l'état isolé, mais qu'ils étaient
empâtés dans une roche volcanique fluide, voisine de
l'obsidienne ; nous allons voir que plusieurs variétés
appartenant à la série de cette dernière roche possèdent
une structure laminaire.

Roches trachytiques. — Elles occupent la partie la
plus élevée et la plus centrale de l'île, ainsi que la région
du sud-est. Le trachyte est ordinairement d'une couleur
brun pâle, tachetée de points plus foncés ; il contient des
cristaux de feldspath vitreux brisés et ployés, des grains
de fer spéculaire et des points microscopiques noirs que
je considère comme étant de la hornblende parce qu'ils
sont aisément fusibles et qu'alors ils deviennent magnétiques. Cependant la plupart des collines sont formées
d'une pierre très blanche, friable, et qui semble être un
tuf trachytique. L'obsidienne, le hornstone et diverses
espèces de roches feldspathiques laminaires sont asso-

tive, vol. I, p. 236) qu' « en général les masses de roches primitives connues, je veux parler de celles qui ressemblent parfaitement à nos granites, gneiss et micaschistes, sont fort rares dans
les laves ; les substances que nous désignons généralement sous
le nom de granite et qui ont été projetées par le Vésuve, sont
des mélanges de néphéline, de mica et de pyroxène ».

ciés au trachyte. On n'observe pas de stratification distincte, et je n'ai pu découvrir de structure cratériforme dans aucune des collines de cette série. Il s'est produit des dislocations considérables, et plusieurs des crevasses de ces roches sont encore béantes, ou ne sont que partiellement comblées par des fragments détachés. Quelques coulées basaltiques se sont avancées sur l'aire (1) où s'étale le trachyte ; et non loin du sommet de Green Mountain on voit une coulée de basalte vésiculaire absolument noir, contenant de petits cristaux de feldspath vitreux d'aspect arrondi.

La pierre blanche tendre, mentionnée plus haut, est remarquable par la ressemblance frappante qu'elle offre avec un tuf sédimentaire lorsqu'on la voit en masse ; j'ai été longtemps sans pouvoir me convaincre que telle n'était pas son origine, et d'autres géologues ont éprouvé les mêmes hésitations pour des formations presque identiques, dans des régions trachytiques. En deux points, cette pierre blanche terreuse forme des collines isolées, en un troisième elle est associée à du trachyte colonnaire et laminaire, mais je n'ai pu reconnaître la trace d'un contact. Cette roche contient de nombreux cristaux de feldspath vitreux et des points noirs microscopiques, et elle est mouchetée de petites taches plus foncées, exactement comme le trachyte environnant. Pourtant sa pâte, vue au microscope, paraît généralement terreuse, mais parfois elle offre une structure nettement cristalline. Sur la colline désignée sous le nom de *Crater of an old volcano*, elle passe à une variété d'un gris verdâtre pâle, qui n'en diffère que par la couleur, et parce qu'elle n'est pas aussi terreuse ; en un endroit, le passage s'opère insensiblement ; en un autre, il se fait par l'intermédiaire de nom-

(1) Cette aire est limitée approximativement par une ligne embrassant Green Mountain et se prolongeant jusqu'aux collines désignées sous les noms de Weather Port Signal, Holyhead et *the Crater of an old volcano* (cette dernière appellation est inexacte dans le sens géologique du mot).

breuses masses anguleuses et arrondies de la variété verdâtre englobées dans la variété blanche ; — dans ce dernier cas, l'aspect ressemble beaucoup à celui d un dépôt
sédimentaire disloqué et érodé pendant la formation d'une
couche plus récente. Ces deux variétés de roches sont
traversées d'innombrables veines tortueuses (que je décrirai plus loin); elles ne ressemblent en rien aux dikes
injectés ni aux veines que j'ai pu observer ailleurs. Les
deux variétés renferment quelques fragments isolés, et de
dimension variable, de roches scoriacées à teinte foncée:
les vacuoles d'un certain nombre de ces fragments sont
partiellement remplies par la pierre blanche terreuse.
Les deux variétés renferment aussi d'énormes blocs d'un
porphyre cellulaire(1).Ces fragments font saillie au-dessus
de la surface de la roche altérée, et ressemblent tout à
fait à des fragments empâtés dans un tuf sédimentaire.
Mais ce fait n'est pas un argument sérieux en faveur de
l'origine sédimentaire de la pierre blanche terreuse (2).
car on sait que le trachyte colonnaire, la phonolite (3) et
d'autres laves compactes renferment quelquefois des
fragments étrangers de roches celluleuses. Le passage
insensible de la variété verdâtre à la variété blanche, et

(1) Le porphyre est de couleur foncée ; il contient de nombreux
cristaux de feldspath blanc opaque, souvent brisés, et des cristaux d'oxyde de fer en décomposition ; ses vacuoles renferment
de petites masses cristallines capillaires qu'on pourrait rapporter
à l'analcime.

(2) Le Dr Daubeny (*On Volcanoes*, p. 180) paraît avoir été amené
à croire que certaines formations trachytiques d'Ischia et du
Puy-de-Dôme, qui ressemblent de très près à celles de l'Ascension, étaient d'origine sédimentaire ; il basait principalement cette
opinion sur la présence fréquente dans ces roches « de fragments scoriacés dont la teinte diffère de celle de la masse englobante ». Le Dr Daubeny ajoute que, d'un autre côté, Brocchi et
d'autres géologues éminents ont considéré ces lits comme des
variétés terreuses de trachyte ; d'après lui le sujet mérite de faire
l'objet de nouvelles études.

(3) D'Aubuisson, *Traité de Géognosie*, t. II, p. 548.

de même, le passage plus brusque d'une roche à l'autre
déterminé par la présence de fragments de la première,
empâtés dans la seconde, peut provenir de légères différences dans la composition d'une même masse de pierre
fondue, et de l'action d'arasion exercée par une masse
encore fluide sur une autre masse déjà solidifiée. Je crois
que les singulières veines dont il a été question plus haut
ont été formées par une substance siliceuse qui s'est postérieurement isolée de la masse. Mais la principale raison qui me porte à croire que ces roches terreuses
tendres, avec leurs fragments étrangers, ne sont pas
l'origine sédimentaire, c'est qu'il est très peu probable
que des cristaux de feldspath, des points noirs microscopiques et de petites taches de couleur foncée puissent
se présenter en même proportion dans un sédiment
aqueux et dans des masses de trachyte compact. En
outre, comme je l'ai fait observer plus haut, le microscope décèle parfois une structure cristalline dans la
masse fondamentale d'apparence terreuse. D'un autre
côté, il est certainement fort difficile d'expliquer la décomposition partielle de masses de trachyte aussi considérables et formant des montagnes entières.

Veines dans les masses trachytiques terreuses. — Ces
veines sont extrêmement nombreuses, elles traversent
avec une allure très complexe les variétés blanche et
verte de trachyte terreux; c'est sur les flancs du *Crater
of the old volcano* qu'on les observe le mieux. Elles renferment des cristaux de feldspath vitreux, des points
noirs microscopiques et de petites taches foncées, absolument comme la roche qui les environne, mais la base
est fort différente, car elle est excessivement dure, compacte, assez cassante, et un peu moins fusible. L'épaisseur des veines varie beaucoup et très brusquement,
d'un dixième de pouce à un pouce; fréquemment elles
s'amincissent au point de disparaître tout à fait, non
seulement à leur extrémité, mais leur partie centrale

s'évide parfois en laissant ainsi des ouvertures rondes,
irrégulières ; leur surface est rugueuse. Elles sont orien-
tées dans tous les sens ou sont horizontales, généralement curvilignes, et souvent elles se ramifient entre elles.
Par suite de leur dureté, elles résistent à l'altération ;
elles s'élèvent de deux ou trois pieds au-dessus du sol,
et s'étendent parfois sur une longueur de quelques yards;
quand on frappe ces plaques de pierre, elles produisent
un son analogue à celui du tambour, et on les voit distinctement vibrer, leurs fragments répandus sur le sol
résonnent comme des morceaux de fer quand on les
entre-choque. Elles affectent souvent les formes les plus
singulières ; j'ai vu un piédestal de trachyte terreux
recouvert par une portion hémisphérique d'une veine,
semblable à un grand parapluie, et assez large pour
abriter deux personnes. Je n'ai jamais rencontré de veines
semblables à celles-ci et n'en ai vu la description nulle
part, mais elles ressemblent par leur forme aux veines
ferrugineuses produites par ségrégation, et qui ne sont
pas rares dans les grès, par exemple dans le *nouveau
grès rouge* d'Angleterre.

Des veines nombreuses de jaspe et d'une matière
siliceuse, qu'on rencontre au sommet de la même colline,
prouvent qu'une source abondante de silice a existé en
cet endroit, et comme ces veines en forme de plaques
ne diffèrent du trachyte que parce qu'elles sont plus
dures, plus cassantes et moins fusibles, il semble probable que leur origine est due à la ségrégation ou à l'infiltration de matière siliceuse, de la même manière que
s'opère le dépôt des oxydes de fer dans plusieurs roches
sédimentaires.

Dépôt siliceux et jaspe. — Ce dépôt siliceux est tantôt
tout à fait blanc, léger, sa cassure présente un éclat légèrement perlé et il passe au quartz rose perlé, ou bien il
est d'un blanc jaunâtre, à cassure rude, et renferme
alors, dans de petites cavités, une poudre terreuse. Les

deux variétés se présentent, soit en grandes masses
irrégulières dans le trachyte décomposé, soit en couches
renfermées dans de grandes veines verticales, tortueuses
et irrégulières d'une pierre compacte, rude, rouge
sombre, et ressemblant à un grès. Cependant cette
roche n'est autre chose qu'un trachyte décomposé ; une
variété à peu près semblable, mais qui affecte souvent la
forme d'un gâteau de miel adhère fréquemment aux
veines plates en saillie qui ont été décrites dans le para-
graphe précédent. Ce jaspe a une couleur jaune d'ocre
ou rouge ; il se présente en grandes masses irrégulières,
et quelquefois en veines, dans le trachyte décomposé et
dans la masse de basalte scoriacé qui lui est associée.
Les vacuoles de cette dernière roche sont tapissées ou
remplies de fines couches concentriques de calcédoine,
recouvertes et parsemées d'oxyde de fer rouge vif. Cette
roche renferme, spécialement en ses parties les plus
compactes, de petits fragments irréguliers et anguleux
de jaspe rouge dont les bords se confondent insensiblement avec la masse entourante ; on trouve aussi d'autres
fragments, d'une nature intermédiaire entre le jaspe proprement dit et la base basaltique ferrugineuse décomposée. Dans ces fragments ainsi que dans les grandes
masses de jaspe en forme de veines, on remarque de
petites cavités arrondies ; ces cavités sont exactement de
la même dimension et de la même forme que celles du
basalte scoriacé remplies ou tapissées de couches de
calcédoine. De petits fragments de jaspe, vus au microscope, paraissent ressembler à une calcédoine dont le
pigment n'aurait pas été déposé en couches, mais serait
resté mélangé avec quelques impuretés à la pâte siliceuse. Le passage insensible du jaspe au basalte à
moitié décomposé, sa présence en plages anguleuses qui
n'occupent évidemment pas des cavités préexistantes de
la roche, et l'existence dans ce jaspe de petites vésicules
remplies de calcédoine comme celles de la lave scoriacée
ne peuvent s'expliquer que dans l'hypothèse qu'un

liquide, probablement le même qui a déposé la calcédoine
dans les vacuoles, a enlevé aux parties de la roche basaltique ne renfermant pas de cavités les éléments constitutifs de cette roche, a déposé à leur place de la silice
et du fer, et a formé ainsi le jaspe. J'ai observé, dans
certains échantillons de bois silicifié, que, tout comme
dans le basalte, les parties solides étaient transformées
en une matière pierreuse homogène de couleur sombre,
tandis que les cavités formées par les plus gros vaisseaux conducteurs de la sève (qu'on peut comparer aux
vacuoles de la lave basaltique) et d'autres cavités irrégulières, produites apparemment par la décomposition
du bois, étaient remplies de couches concentriques de
calcédoine ; il n'est pas douteux que, dans ce cas, la
substance fondamentale homogène et les couches concentriques de calcédoine aient été déposées par un même
liquide.

D'après ces considérations, je ne puis douter que le
jaspe de l'île de l'Ascension doive être considéré comme
une roche volcanique silicifiée, en donnant à ce mot
absolument le même sens qu'on y attache quand on l'applique au bois silicifié : nous ignorons aussi bien la manière dont chaque atome de bois, alors qu'il est encore
dans son état normal, puisse être enlevé et remplacé par
des atomes de silice, que nous ignorons comment les
parties constituantes d'une roche volcanique ont pu subir
la même modification (1). J'ai été amené à faire un exa-

(1) Beudant (*Voyage en Hongrie*, t. III, p. 502, 504) décrit des
masses réniformes de jaspe opale, qui passent insensiblement
au conglomérat trachytique environnant ou y sont empâtées
comme des silex dans la craie, et il les compare aux fragments
de bois opalisé qui abondent dans la même formation. Pourtant Beudant semble avoir considéré le processus de leur formation plutôt comme une simple infiltration que comme un
échange moléculaire, mais la présence d'une concrétion diffé-
rant absolument de la matière englobante me semble exiger un
déplacement, soit chimique, soit mécanique, des atomes qui occupaient l'espace ultérieurement rempli par cette concrétion, si

men minutieux de ces roches et à en tirer les conclusions
que je viens d'exposer, en entendant exprimer par le
Rev. Professeur Henslow une opinion analogue au sujet
de l'origine d'un grand nombre de calcédoines et d'agates
dans des roches trappéennes. Les dépôts siliceux paraissent être très fréquents, sinon tout à fait constants,
dans les tufs trachytiques partiellement décomposés (1) ;
et comme ces collines, ainsi que nous l'avons exposé
plus haut, sont formées de trachyte ayant perdu sa dureté
et décomposé *in situ*, la présence, en ce cas, de silice
libre constitue un exemple de plus de ce phénomène.

Concrétions dans le tuf ponceux. — La colline que la
carte indique sous le nom de « Crater of an old volcano » est désignée improprement; rien dans tout ce
que j'ai pu observer ne justifie cette appellation, sauf
que la colline se termine en un sommet circulaire ayant
la forme d'une soucoupe très évasée, et d'environ un
demi-mille de diamètre. Cette dépression a été presque
entièrement comblée par un grand nombre de couches
successives de cendres et de scories, diversement colorées et faiblement consolidées. Chaque couche cupuliforme successive se montre sur toute la périphérie, de
sorte qu'il se produit plusieurs anneaux de couleur
différente, donnant à la colline un aspect fantastique.
L'anneau extérieur est large et de couleur blanche, ce
qui le fait ressembler à une piste où l'on aurait exercé
des chevaux, et lui a valu le nom de Manège du Diable,
sous lequel il est le plus généralement connu. Ces couches
superposées de cendres doivent être tombées sur toute

elle ne s'est pas formée dans une cavité préexistante. Le jaspe
opale de Hongrie passe à la calcédoine, c'est pourquoi, dans ce
cas comme dans celui de l'Ascension, l'origine du jaspe paraît
être en rapport intime avec celle de la calcédoine.

(1) Beudant (*Voyage minéralogique*, t. III, p. 507) en cite des
exemples en Hongrie, en Allemagne, au Plateau Central de
France, en Italie, en Grèce et au Mexique.

la contrée environnante, mais elles ont été complètement
enlevées par le vent, sauf dans cette seule dépression,
où l'humidité s'accumulait sans doute, soit au cours
d'une année exceptionnelle, lorsqu'il tombait de la pluie,
soit pendant les orages qui accompagnent souvent les
éruptions volcaniques. Une des couches, colorée en rose
et formée principalement de petits fragments de ponce
décomposée, est remarquable par le grand nombre de
concrétions qu'elle renferme. Celles-ci sont généralement sphériques et mesurent d'un demi-pouce à trois
pouces de diamètre, mais elles sont parfois cylindriques
comme les concrétions de pyrite de fer que l'on trouve
dans la craie d'Europe. Elles sont formées d'une pierre
brun pâle, très tenace, compacte, à cassure unie et douce
au toucher. Elles sont divisées en couches concentriques
par de minces cloisons blanches ressemblant à la surface extérieure de la concrétion ; vers la périphérie, six
ou huit de ces couches sont nettement limitées, mais les
couches qui se trouvent vers l'intérieur deviennent ordinairement indistinctes et se fusionnent en une masse
homogène. Je pense que ces couches concentriques se
sont formées par la contraction que la concrétion a subie
lorsqu'elle est devenue compacte. La partie interne est
généralement divisée par de petites fentes ou septaria,
qui sont tapissées de taches les unes noires et métal-
liques, les autres blanches et cristallines, dont je n'ai pu
déterminer la nature. Quelques-unes des concrétions les
plus volumineuses ne sont autre chose qu'une croûte
sphérique remplie de cendres faiblement consolidées.
Les concrétions contiennent une petite quantité de carbonate de chaux ; un fragment exposé au chalumeau
décrépite, blanchit ensuite et fond en un émail globu-
leux, mais il ne devient pas caustique. Les cendres qui
renferment les concrétions ne contiennent pas de carbonate de chaux ; les concrétions ont donc été formées
probablement par l'agrégation de cette substance, comme
c'est souvent le cas. Je n'ai jamais rencontré de concré-

tions semblables à celles-ci, et, en considérant leur degré
de ténacité et de compacité, leur disposition en un lit qui
n'a probablement été exposé à aucune autre humidité que
celle de l'atmosphère est fort remarquable.

Formation de roches calcaires sur la côte. — Il y a
sur plusieurs points de la côte d'immenses accumulations
de petits fragments bien arrondis de coquilles et de
coraux blancs, jaunâtres et roses, entremêlés de quelques
particules volcaniques. A la profondeur de quelques
pieds on constate qu'ils sont cimentés et forment une
pierre dont on utilise les variétés les plus tendres pour
les constructions ; d'autres variétés, les unes grossières
et les autres à grain fin, sont trop dures pour cet usage,
et j'ai vu une masse, divisée en couches uniformes d'un
demi-pouce d'épaisseur et si compactes qu'elles ren-
daient un son semblable à celui du flint quand on les
frappait avec un marteau. Les habitants croient que ces
fragments sont cimentés au bout d'un an. Cette cimenta-
tion s'opère par une matière calcareuse, et dans les
variétés les plus compactes on peut voir distinctement
chaque fragment arrondi de coquille ou de roche volcanique entouré d'une enveloppe translucide de carbonate
de chaux. Très peu de coquilles entières sont engagées
dans ces masses agglutinées, et j'ai même examiné au
microscope un grand fragment sans parvenir à découvrir
le moindre vestige de stries, ou d'autres traces de forme
extérieure ; cela démontre que chaque particule doit
avoir été roulée çà et là pendant bien longtemps avant
que son tour vînt d'être engagée dans la masse et cimen-
tée (1). Une des variétés les plus compactes soumise à
l'action d'un acide s'y est complètement dissoute, à

(1) Les œufs de tortues enfouis par ces animaux peuvent quelquefois être emprisonnés dans cette roche massive. M. Lyell a
donné une figure (*Principles of Geology*, livre III, ch. xvii) représentant des œufs ainsi empâtés dans la roche et renfermant
le squelette de jeunes tortues.

l'exception d'un peu de matière organique floconneuse ; son poids spécifique était 2,63. Le poids spécifique du calcaire ordinaire varie de 2,6 à 2,75 ; sir H. de la Bêche (1) a trouvé pour le carrare pur 2,7. C'est un fait remarquable que ces roches de l'île de l'Ascension, formées près de la surface de la mer, soient presque aussi compactes qu'un marbre qui a subi l'action de la chaleur et de la pression dans les régions plutoniques.

La grande accumulation de particules calcaires incohérentes sur le rivage, près du *Settlement*, commence au mois d'octobre en progressant vers le sud-ouest ; ce fait est dû, d'après le lieutenant Evans, à un changement dans la direction des courants prédominants. A cette époque, les rochers exposés à l'action de la marée à l'extrémité sud-ouest de la côte, où s'accumule le sable calcareux, et qui sont baignés par les courants, se recouvrent peu à peu d'une incrustation calcaire épaisse d'un demi-pouce. Elle est absolument blanche, compacte, légèrement spathique en quelques parties, et elle adhère fortement aux rochers. Elle disparaît graduellement après un temps assez court, soit qu'elle se redissolve quand l'eau est moins chargée de calcaire, soit qu'elle soit enlevée mécaniquement, ce qui est plus vraisemblable. Le lieutenant Evans a observé ces faits pendant les six années de son séjour à l'Ascension. L'épaisseur de l'incrustation varie suivant les années ; elle était exceptionnellement forte en 1831. Lors de ma visite, au mois de juillet, il n'y avait plus de trace d'incrustation, mais elle s'était parfaitement conservée sur un pointement de basalte d'où les ouvriers carriers avaient enlevé, peu auparavant, une masse de pierre de taille. En tenant compte de la position des rochers exposés à l'action de la marée, et de l'époque de l'année pendant laquelle ils se recouvrent d'incrustations, il n'est pas douteux que, par le déplacement et le bouleversement de cette vaste accumula-

(1) *Researches in Theoretical Geology*, p. 12.

tion de particules calcaires dont un grand nombre avaient
déjà été partiellement agglutinées, les eaux de la mer se
chargent tellement de carbonate de chaux qu'elles le
déposent sur les premiers objets avec lesquels elles viennent en contact. Le lieutenant Holland, R. N., m'a dit que
ces incrustations se font en un grand nombre de points
de la côte, sur la plupart desquels il y a aussi, je crois,
de grandes masses de coquilles brisées en menus fragments.

Incrustation calcaire frondescente. — C'est un dépôt
très remarquable à divers points de vue; il recouvre
durant toute l'année les roches volcaniques exposées à
la marée et qui surplombent des plages de coquilles
brisées. Son aspect général est fidèlement reproduit
dans la gravure, mais les frondes ou les disques dont il
est formé sont ordinairement rapprochés au point de se
toucher. Les bords sinueux de ces frondes sont finement
découpés, et elles surplombent leurs piédestaux ou sup-
ports ; leur surface supérieure est légèrement concave
ou légèrement convexe; elles offrent un beau poli et une
couleur gris-foncé ou noir de jais; leur forme est irrégulière, généralement circulaire, et leur diamètre varie d'un
dixième de pouce à un pouce et demi ; leur épaisseur ou
la hauteur dont elles s'élèvent au-dessus du rocher qui
les porte, varie beaucoup ; elle est, le plus ordinairement
peut-être, d'un quart de pouce. Parfois les frondes
deviennent de plus en plus convexes, jusqu'à passer à
l'état de masses botryoïdes, dont les sommets sont fissurés ; lorsqu'elles affectent cette forme, elles sont luisantes et d'un noir intense, au point de ressembler à une
matière métallique fondue. J'ai montré cette incrustation
à plusieurs géologues, tant sous cette dernière forme
que sous sa forme ordinaire, et aucun d'entre eux n'a
pu lui assigner une origine, si ce n'est qu'elle était peut-
être de nature volcanique !
La cassure de la substance dont les frondes sont

formées est très compacte et souvent presque cristalline,
avec des bords translucides et assez durs pour rayer
facilement le spath calcaire. Au chalumeau elle devient
immédiatement blanche et émet une odeur animale très
prononcée, semblable à celle de coquilles fraîches ; elle
est surtout composée de carbonate de chaux ; traitée par
l'acide chlorhydrique elle fait une vive effervescence et
laisse un résidu de sulfate de chaux et d'oxyde de fer,
mêlés à une poudre noire insoluble dans les acides à

Fig. 5. — Incrustation de calcaire et de matière
organique tapissant les rochers exposés à l'action
de la marée à l'île de l'Ascension.

chaud. Cette dernière substance, qui est évidemment la
matière colorante, paraît de nature charbonneuse. Le
sulfate de chaux se trouve ici à l'état de matière étrangère, et il se présente en lamelles distinctes. excessivement petites, répandues à la surface des frondes et
engagées entre les couches minces dont elles sont
formées ; quand on chauffe un fragment au chalumeau,
ces lamelles deviennent immédiatement visibles. On peut
souvent suivre le contour extérieur primitif des frondes,
soit jusqu'à un petit fragment de coquille fixé dans une
fente du rocher, soit jusqu'à une agglomération de ces
fragments cimentés ensemble. On constate que tout
d'abord l'action des vagues corrode profondément ces

esquilles et les réduit à l'état de crêtes aiguës, et qu'elle
les recouvre ensuite de couches successives du calcaire
incrustant gris et luisant. Les inégalités du support primitif se trahissent à la surface de chaque couche successive, comme on le voit souvent dans les pierres de
bézoard, lorsqu'un objet, tel qu'un clou, forme le centre
de l'aggrégation. Pourtant les découpures des bords
paraissent dues à l'action corrosive que le ressac exerce
sur son propre dépôt, alternant avec la formation de
dépôts nouveaux. J'ai trouvé sur des roches basaltiques
tendres de la côte de San Thiago une couche extrêmement mince de matière calcaire brune qui, vue à la loupe,
ressemblait en miniature aux frondes découpées et polies
de l'île de l'Ascension; dans ce dernier cas, il n'y avait pas
de base constituée par des particules étrangères faisant
saillie. Quoique l'incrustation persiste à l'Ascension durant
toute l'année, l'aspect délabré de certaines parties et
l'aspect frais de certaines autres parties font croire que
tout l'ensemble subit un cycle de destruction et de
renouvellement, dû sans doute aux modifications de
forme de la plage qui se déplace et, par suite, aux modifications que subit l'action des brisants; c'est probablement pour cette raison que l'incrustation n'acquiert
jamais une grande épaisseur. En considérant à la fois la
composition de la matière incrustante et la situation des
rochers qui la portent, au milieu d'une plage calcaire,
je crois qu'il n'est pas douteux qu'elle est due à la disso-
lution et au dépôt subséquent de la matière qui forme
les fragments arrondis de coquilles et de coraux (1). C'est

(1) Ainsi que je l'ai fait remarquer, le sulfate de chaux constitue une matière étrangère et doit avoir été extrait de l'eau de
mer. C'est donc un fait intéressant de voir les vagues de l'Océan
assez chargées de sulfate de chaux pour le déposer sur les
rochers contre lesquels elles se brisent à chaque marée. Le
Dr Webster a décrit (*Voyage of the Chanticleer*, vol. II, p. 319)
des lits de gypse et de sel marin atteignant deux pieds d'épaisseur, formés par l'évaporation des embruns sur les rochers de la

à cette source qu'elle puise la matière organique qui constitue évidemment le principe colorant.

On peut souvent discerner nettement la nature du dépôt, au début de sa formation, quand un fragment de coquille blanche se trouve serré entre deux frondes; le dépôt offre alors l'aspect d'une couche très mince de vernis gris pâle. Sa teinte plus ou moins foncée varie un peu, mais la couleur noir de jais qu'offrent les frondes et les masses botryoïdales paraît due à la translucidité des couches grises superposées. On constate pourtant ce fait singulier que, lorsque le dépôt s'opère sur la face inférieure des rochers en saillie, ou dans des fissures, il paraît être toujours d'une couleur gris-perle pâle, même quand il atteint une épaisseur considérable; on est amené ainsi à croire que l'action d'une lumière abondante est nécessaire au développement de la couleur foncée, ainsi que cela semble se produire pour les coquilles des mollusques vivants, dont la partie supérieure, tournée vers la lumière, est toujours d'une teinte plus foncée que la surface inférieure et que les parties ordinairement recouvertes par le manteau de l'animal. Cette circonstance, la décoloration immédiate et la production d'une odeur par l'action du chalumeau, le degré de dureté et de translucidité des bords, le beau poli de la surface (1), qui riva-

côte exposés à l'action du vent dominant. De belles stalactites de gypse, ressemblant à des stalactites calcaires, se sont formées près de ces lits. On trouve aussi des masses amorphes de gypse dans des cavernes de l'intérieur de l'île, et j'ai vu à Cross Hill (un ancien cratère) une quantité considérable de sel suintant d'une pile de scories. Dans ces derniers cas le sel et le gypse semblent être des produits volcaniques.

(1) D'après le fait décrit dans mon *Journal of Researches* (p. 12), d'une couche d'oxyde de fer déposée par un ruisseau sur les roches de son lit (comme un revêtement à peu près semblable qui existe aux grandes cataractes de l'Orénoque et du Nil) et qui prend un beau poli aux endroits où le remous se fait sentir, je suppose que le polissage est produit ici également par la même cause.

lise, lorsqu'elle est à l'état frais, avec celui des plus fines olives. Tous ces faits établissent une analogie frappante entre cette incrustation inorganique et les coquilles de mollusques vivants (1). Cela me paraît être un fait physiologique intéressant (2).

Bancs lamellaires remarquables alternant avec l'obsidienne et passant à cette roche. — On rencontre ces bancs dans la région trachytique, à la base occidentale de Green Mountain, sous laquelle ils plongent suivant des inclinaisons très fortes. Ils n'affleurent qu'en partie seulement, car ils sont recouverts par des produits d'éruption modernes; c'est pourquoi je n'ai pu constater leur contact avec le trachyte, ni déterminer s'ils se sont étalés comme des nappes de lave ou s'ils ont été injectés dans les strates surincombantes. On observe trois bancs principaux d'obsidienne, dont le plus puissant constitue la base de la coupe. Ces bancs pierreux alternants me paraissent fort intéressants; je les décrirai d'abord et m'occuperai

(1) J'ai décrit, dans le chapitre consacré aux rochers de Saint-Paul, une substance luisante et perlée qui recouvre ces rochers, et une incrustation stalactitique, de l'île de l'Ascension, d'une nature analogue, dont la croûte ressemble à l'émail des dents, mais est assez dure pour rayer le verre. Ces deux substances renferment une matière organique qui paraît provenir de l'eau filtrant au travers d'amas de fiente d'oiseaux.

(2) M. Horner et sir David Brewster ont décrit (*Philosophical Transactions*, 1836, p. 65) une singulière « substance artificielle ressemblant à celle qui constitue les coquilles ». Cette substance se dépose en lames fines de couleur brune, transparentes, présentant une surface très lisse et des propriétés optiques spéciales, à l'intérieur d'un vase contenant de l'eau, où l'on fait tourner rapidement un linge enduit d'une couche de colle et ensuite d'une couche de chaux. Cette substance est beaucoup plus tendre, plus transparente, et contient plus de matière organique que l'incrustation naturelle de l'Ascension; pourtant nous constatons encore une fois ici la forte tendance que manifestent le carbonate de chaux et la matière organique à former une substance solide voisine de celle de la coquille des mollusques.

ensuite de leur transition à l'obsidienne. Ils offrent un aspect très varié; on peut reconnaître cinq variétés principales, mais elles passent insensiblement l'une à l'autre par toutes les transitions.

1° Une roche gris-pâle, irrégulièrement et grossièrement lamellaire (1), rude au toucher, ressemblant à un phyllade qui aurait subi le contact d'un dike de trapp ; sa cassure est à peu près la même que celle que donnerait une structure cristalline.

Cette roche et les variétés suivantes fondent facilement en un verre de couleur pâle.

La plus grande partie de la roche est disposée en forme de gâteau de miel à cavités irrégulières et anguleuses, de sorte que l'ensemble offre un aspect carié, et que certains fragments ressemblent d'une manière remarquable à des morceaux silicifiés de bois décomposé. Cette variété, surtout lorsqu'elle est compacte, est souvent traversée de fines raies blanchâtres; celles-ci sont droites ou elles ondulent les unes derrière les autres autour des vides allongés et cariés.

2° Une roche gris bleuâtre ou brun pâle, compacte, lourde, homogène, à cassure angulaire, inégale et terreuse ; cependant, lorsqu'on l'examine avec une forte loupe, la cassure se montre nettement cristalline, et l'on peut même y reconnaître des minéraux individualisés.

3° Une roche de la même nature que la précédente, mais striée d'un grand nombre de lignes blanches, parallèles, légèrement ondulées, de l'épaisseur d'un cheveu.

(1) Ce terme peut prêter à un malentendu parce qu'on peut l'appliquer soit à des roches divisées en feuillets de composition identique, soit à des couches fortement adhérentes les unes aux autres sans tendance à la fissilité, mais constituées par des minéraux différents, ou présentant des zones de couleurs différentes. Au cours du présent chapitre le terme lamellaire est pris dans ce dernier sens, et j'ai employé le mot fissile lorsqu'une roche homogène se divise suivant une direction déterminée comme c'est le cas pour les ardoises.

Ces lignes blanches sont d'une nature plus cristalline que les parties intercalées entre elles, et la roche se fend suivant leur direction ; elles se dilatent fréquemment en formant alors de petites cavités qui sont souvent à peine visibles à la loupe. La matière dont les lignes blanches sont formées est mieux cristallisée dans ces cavités, et le professeur Miller est parvenu, après plusieurs essais, à déterminer que les cristaux blancs, les plus grands de tous, se rapportent au quartz (1), et que les petites aiguilles vertes transparentes sont de l'augite, ou suivant la dénomination qu'on leur donne le plus généralement, de la diopside. A côté de ces cristaux on observe de petits points de couleur foncée, sans trace de cristallisation, et une matière cristalline blanche, fine et grenue qui est probablement du feldspath. Les petits fragments de cette roche sont facilement fusibles.

4° Une roche cristalline compacte zonée de lignes très nombreuses, droites, blanches et grises, dont la largeur varie de 1/30ᵉ à 1/200ᵉ de pouce ; ces couches semblent composées principalement de feldspath, et elles renferment un grand nombre de cristaux bien développés de feldspath vitreux orientés dans le sens de leur longueur ; elles sont aussi abondamment parsemées de points noirs microscopiques et amorphes disposés en rangées, et isolés les uns des autres, ou plus fréquemment, réunis deux à deux, trois à trois, ou en plus grand nombre, et formant des lignes noires plus fines qu'un cheveu. Quand on chauffe au chalumeau un petit fragment de cette roche, les points noirs se fondent facilement en globules noirs brillants, qui deviennent magnétiques, caractères applicables à bien peu de minéraux, à l'exception de la hornblende et de l'augite. D'autres points, colorés en rouge,

(1) Le professeur Miller m'informe que les cristaux qu'il a mesurés présentaient les faces P, z, m de la figure 147 donnée par Haidinger dans sa traduction de Mohs ; et il ajoute qu'il est remarquable qu'aucun de ces cristaux ne présente la moindre trace des faces r du prisme hexagonal régulier.

sont associés aux points noirs ; ils sont magnétiques et sont certainement formés d'oxyde de fer. Dans un échantillon de cette variété, j'ai observé que les points noirs étaient agrégés sous forme de cristaux minuscules autour de deux petites cavités ; ils ressemblaient à des cristaux d'augite ou de hornblende, mais ils étaient trop ternes et trop petits pour pouvoir être mesurés au goniomètre. J'ai pu distinguer aussi, dans le feldspath cristallin du même échantillon, des grains qui avaient l'aspect du quartz. J'ai constaté à l'aide d'une régle à parallèles que les couches grises minces et les lignes capillaires noires étaient absolument droites et parallèles entre elles. Il est impossible de suivre le passage de la roche grise homogène à ces variétés striées, ou même de comparer le caractère des différentes couches d'un échantillon sans se convaincre que la blancheur plus ou moins parfaite de la matière feldspathique cristalline dépend du degré d'agrégation plus ou moins complet de la matière diffuse, sous forme de taches noires et rouges de hornblende et d'oxyde de fer.

5° Une roche lourde et compacte, non lamellaire, à cassure irrégulière, anguleuse et très cristalline ; elle contient un grand nombre de cristaux isolés de feldspath vitreux ; la base feldspathique cristalline est tachetée par un minéral noir qui, sur la surface altérée, se montre agrégé en petits cristaux, dont quelques-uns sont bien développés, tandis que le plus grand nombre ne l'est pas. J'ai montré cet échantillon à un géologue expérimenté, et je lui ai demandé quelle en était la nature. Il m'a répondu, comme tout autre je pense l'eût fait à sa place, que c'était un *greenstone* primitif. De même, la surface altérée de la variété zonaire que nous avons étudiée tantôt (n° 4) ressemble d'une manière frappante à un fragment usé de gneiss finement lamellaire.

Ces cinq variétés, ainsi que plusieurs termes intermédiaires, passent et repassent l'une à l'autre. Comme les variétés compactes sont absolument subordonnées aux autres, tout l'ensemble peut être considéré comme lamellaire ou comme zonaire. En résumé, les lamelles sont tantôt tout à fait droites, tantôt légèrement ondulées et tantôt contournées ; elles sont toutes parallèles entre elles et aux couches d'obsidienne intercalées, et sont d'ordinaire extrêmement minces. Ces lamelles consistent soit en une roche compacte d'apparence homogène, rayée de diverses nuances de gris et de brun, soit en couches cristallines de feldspath plus ou moins pur, dont l'épaisseur varie, et qui renferment des cristaux isolés de feldspath vitreux alignés suivant leur longueur ; soit enfin en couches très m...ces composées en grande partie de petits cristaux de quartz et d'augite, ou de points noirs et rouges d'un minéral augitique et d'un oxyde de fer, amorphes ou imparfaitement cristallisés. Après cette description détaillée de l'obsidienne, je reviens à la lamellation des roches de la série trachytique.

Le passage des lits que nous venons de décrire aux couches d'obsidienne vitreuse s'opère de diverses manières : 1° des masses angulo-noduleuses d'obsidienne de dimensions très variables apparaissent brusquement, disséminées dans une roche feldspathique de couleur pâle, feuilletée ou amorphe, et à cassure plus ou moins perlée ; 2° de petits nodules d'obsidienne, isolés ou réunis en couches dont l'épaisseur dépasse rarement un dixième de pouce, alternent à plusieurs reprises avec des couches très minces d'une roche feldspathique offrant, comme une agate, des zones parallèles de couleurs différentes, extrêmement fines, et passant parfois à la résinite ; les interstices entre les nodules d'obsidienne sont généralement remplis par une matière blanche, tendre, ressemblant à des cendres ponceuses ; 3° la roche encaissante tout entière passe brusquement à une masse concrétionnée et fragmentaire d'obsidienne. Ces masses d'obsidienne sont souvent vert pâle, comme les petits nodules, et généralement bigarrées de diverses nuances, parallèlement aux feuillets de la roche environnante ;

ainsi que les nodules, elles renferment généralement de petits sphérulites blancs dont une moitié est souvent empâtée dans une zone d'une nuance, et l'autre moitié dans une zone de nuance différente. L'obsidienne n'acquiert sa couleur noir de jais et sa cassure parfaitement conchoïdale que lorsqu'elle est en grandes masses ; pourtant, par un examen minutieux, et en exposant les échantillons à la lumière sous différentes incidences, j'ai pu généralement discerner des zones parallèles de teinte plus au moins foncée, même quand la roche était en grandes masses.

L'une des roches de transition les plus communes mérite, à divers égards, une description détaillée. Sa nature est fort complexe ; elle est formée d'un grand nombre de couches minces, légèrement ondulées, d'une matière feldspathique à teinte pâle, passant souvent à une rétinite imparfaite, alternant avec des couches constituées par d'innombrables petits globules de deux variétés d'obsidienne, et par deux variétés de sphérulites empâtés dans une pâte perlée dure ou tendre. Les sphérulites sont blancs et transparents ou brun foncé et opaques ; les premiers sont parfaitement sphériques, de petite dimension, à structure nettement rayonnée. Les sphérulites brun foncé ne sont pas aussi exactement sphériques et leur diamètre varie de $1/20^e$ à $1/30^e$ de pouce ; lorsqu'on les brise, ils montrent une structure vaguement rayonnée vers leur centre qui est blanchâtre. Quelquefois deux sphérulites unis n'ont qu'un seul centre d'où part la structure rayonnée ; il existe parfois au centre comme un indice de cavité ou de crevasse. Ces sphérulites sont tantôt séparés et tantôt réunis par deux, par trois ou en plus grand nombre, et forment des groupes irréguliers, ou plus communément des couches parallèles à la stratification de la masse. L'agrégation est souvent si intime que les faces supérieure et inférieure de la couche formée par les sphérulites sont exactement planes. Lorsque ces couches deviennent moins brunes et moins opaques, on ne peut plus les distinguer des zones de la roche feldspathique à teinte pâle qui alternent avec elles. Quand les sphérulites ne sont pas agrégés, ils sont généralement comprimés dans le sens de la structure lamellaire de la masse, et dans ce même plan ils offrent souvent à l'intérieur des zones de différentes nuances de couleur, et à l'extérieur ils sont ornés de petites crêtes et de petits sillons. Les sphérulites avec leurs sillons et leurs crêtes parallèles sont représentés grossis dans la partie supérieure de la gravure ci-jointe, mais ils ne sont pas bien

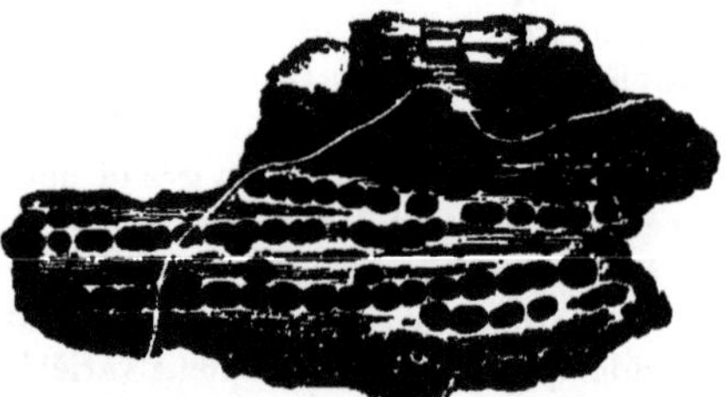

Fig. 6. — Sphérulites bruns opaques, grossis. Les sphérulites représentés dans la partie supérieure de la figure portent à la surface des sillons parallèles. La structure radiée interne des sphérulites du bas de la figure est accusée beaucoup trop fortement.

dessinés ; leur mode ordinaire de groupement est indiqué dans la partie inférieure de cette figure. Dans un autre échantillon, une couche mince de sphérulites bruns, intimement unis, traverse une couche de même composition, comme le montre la figure 7, et cette traînée de sphérulites, après avoir suivi sur une faible longueur une direction légèrement courbe, la recoupe ainsi qu'une autre couche située un peu au-dessous de la première.

Les petits nodules d'obsidienne portent aussi quelquefois des crêtes et des sillons externes, disposés parallèlement à la lamellation de la masse, mais toujours moins marqués que ceux des sphérulites. Les nodules d'obsidienne sont généralement anguleux, à bords

émoussés ; souvent ils portent l'empreinte des sphérulites adjacents qui sont toujours plus petits qu'eux. Les
nodules isolés semblent rarement s'être rapprochés les
uns des autres par attraction mutuelle. Si je n'avais pas
trouvé quelquefois un centre d'attraction distinct dans
ces nodules d'obsidienne, j'aurais été porté à les consi-
dérer comme un résidu de cristallisation qui s'est isolé
durant la formation de la perlite qui les empâte et des
globules sphérulitiques.

Les sphérulites et les petits nodules d'obsidienne de
ces roches ressemblent si bien par leur structure et leur

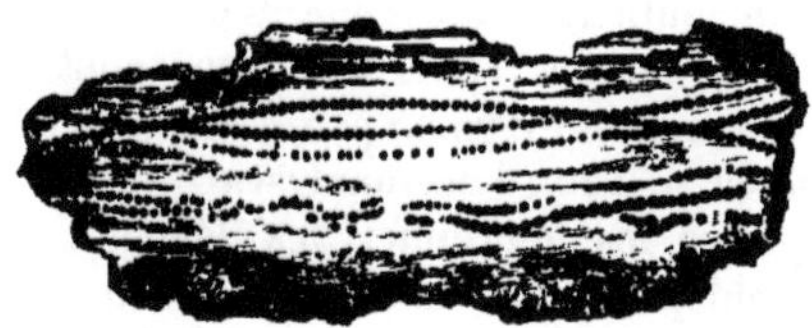

Fig. 7. — Couche formée par l'agrégation de petits
sphérulites bruns, coupant deux autres couches
semblables. L'ensemble est représenté à peu près
en grandeur naturelle.

forme générale aux concrétions des dépôts sédimentaires,
qu'on est tenté, à première vue, de leur attribuer une
origine analogue. Ils ressemblent aux concrétions ordinaires sous les rapports suivants : par leur forme extérieure ; par l'agrégation de deux, de trois ou d'un plus
grand nombre d'individus en une masse irrégulière ou
en une couche à faces planes ; parce qu'il arrive parfois
qu'une de ces couches en coupe une autre comme on
l'observe pour les silex de la craie : par la présence dans
une même masse fondamentale de deux ou trois espèces
de nodules souvent serrés les uns contre les autres : par
leur structure fibreuse et radiée et l'existence acciden-
telle de cavités en leur centre ; par la coexistence des
structures lamelleuse, concrétionnée et radiée, si bien
développées dans les concrétions de calcaire magnésien

décrites par le professeur Sedgwick (1). On sait que les concrétions des dépôts sédimentaires sont dues à la séparation partielle ou totale d'une substance minérale de la masse environnante, et à son agrégation autour de certains centres d'attraction. Guidé par ce fait, j'ai cherché à découvrir si l'obsidienne et les sphérulites (auxquels on peut ajouter la marékanite et la perlite qui se présentent toutes deux en concrétions noduleuses dans les roches trachytiques) diffèrent par leur composition des minéraux qui forment généralement les roches trachytiques. Les résultats de trois analyses ont démontré que l'obsidienne contient en moyenne 76 p. 100 de silice ; d'après une analyse, les sphérulites en contiennent 79.12 p. 100 ; la marékanite 79.25 p. 100 (deux analyses) et la perlite 75,62 p. 100 (deux analyses) (2). Or, pour autant qu'on puisse les déterminer, les éléments du trachyte sont le feldspath contenant 65,21 p. 100 de silice, ou l'albite, qui en contient 69.09 p. 100, la hornblende, qui en renferme 55,27 p. 100 (3), et l'oxyde de fer ; de sorte que les substances vitreuses concrétionnées que nous avons mentionnées plus haut contiennent toutes une proportion de silice supérieure à celle qui existe ordinairement dans les roches feldspathiques ou trachytiques. D'Aubuisson (4) a fait remarquer aussi combien la teneur en silice est forte relativement à celle de l'alumine dans six analyses d'obsidienne et de perlite données dans la *Minéralogie* de Brongniart. De tous ces faits je conclus que les concrétions susdites ont été formées par un procédé d'agrégation identique à celui dont on constate l'action dans les dépôts sédimentaires. Ce procédé

(1) *Geological Transactions*, vol. III, part. I, p. 37.

(2) Ces analyses ont été prises dans le *Traité de Minéralogie* de Beudant, t. II, p. 113 ; et une analyse d'obsidienne dans *Phillips's Mineralogy*.

(3) Ces analyses sont prises dans von Kobell, *Grundzüge der Mineralogie*, 1838.

(4) *Traité de géognosie*, t. II, p. 535.

agit principalement sur la silice, mais il exerce aussi son action sur une partie des autres éléments de la masse environnante, et produit ainsi les diverses variétés concrétionnées. En considérant l'influence bien connue du refroidissement rapide (1) sur la production de la texture vitreuse, il paraît nécessaire d'admettre que, dans des cas semblables à celui de l'Ascension, la masse entière a dû se refroidir uniformément, mais en tenant compte des alternances multiples et compliquées de nodules et de couches minces à texture vitreuse avec d'autres couches entièrement pierreuses ou cristallines, sur un espace de quelques pieds ou même de quelques pouces. il est possible, à la rigueur, que les diverses parties se soient refroidies avec des rapidités différentes, et qu'elles aient acquis ainsi leurs textures variées.

Les sphérulites naturelles de ces roches (2 ressemblent beaucoup à celles qui se produisent dans le verre lorsqu'il se refroidit lentement. Dans de beaux échantillons de verre partiellement dévitrifié appartenant à M. Stokes, on voit les sphérulites réunies en couches rectilignes à faces planes, parallèles les unes aux autres et à l'une

(1) On constate ces faits dans la fabrication du verre ordinaire, et dans les expériences de Gregory Watt sur le trapp fondu ; on les observe aussi sur la surface naturelle des coulées de lave et sur les flancs latéraux des dikes.

(2) J'ignore s'il est généralement connu qu'on rencontre parfois dans les agates des corps présentant exactement le même aspect que les sphérulites. M. Robert Brown m'a montré une agate formée dans une cavité d'un morceau de bois silicifié, portant de petites taches à peine visibles à l'œil nu : vues à l'aide d'une forte loupe, ces taches offraient un très bel aspect ; elles étaient exactement circulaires et consistaient en fibres extrêmement fines, de couleur brune, rayonnant fort régulièrement autour d'un centre commun. Ces petites étoiles rayonnantes sont quelquefois coupées et partiellement entamées par les fines zones rubanées de l'agate. Dans l'obsidienne de l'Ascension. les deux moitiés d'une sphérulite sont souvent engagées dans des zones de couleur différente, mais elles ne sont pas entamées par ces dernières comme dans l'agate.

des surfaces extérieures, absolument comme dans l'obsidienne. Ces couches se ramifient parfois et s'anastomo-
sent ; mais je n'ai constaté aucun cas de véritable
intersection. Elles forment le passage des parties parfaitement vitreuses à celles qui sont presque entièrement
homogènes et pierreuses, et qui ne présentent qu'une
structure concrétionnée peu nette. Dans les mêmes
échantillons, on observe aussi des sphérulites engagées
dans la masse et très rapprochées les unes des autres, elles
sont faiblement différenciées par leur structure et leur
couleur. En présence de ces faits, les idées que nous
avons exposées plus haut sur l'origine concrétionnaire de
l'obsidienne et des sphérulites naturelles trouvent une
confirmation dans l'intéressante notice que M. Dartigues (1) a publiée sur ce sujet et où il attribue la production des sphérulites dans le verre à ce que les divers
éléments s'agrègent en obéissant chacun à son propre
mode d'attraction. Il est amené à cette conclusion en
observant la difficulté qu'on éprouve à refondre du
verre sphérulitique sans avoir au préalable pilé soigneusement et mélangé toute la masse, et en considérant
aussi le fait que la transformation s'opère le plus facilement dans du verre composé d'un grand nombre de
substances. En confirmation des idées de M. Dartigues,
je ferai remarquer que M. Fleuriau de Bellevue (2) a constaté que les parties sphérulitiques du verre dévitrifié se
comportent autrement sous l'action de l'acide nitrique
et au chalumeau que la pâte compacte dans laquelle elles
étaient engagées.

*Comparaison des bancs d'obsidienne et des couches
alternantes de l'Ascension avec ceux d'autres contrées.* —
J'ai été frappé de voir à quel point les observations que
j'ai faites à l'Ascension concordaient avec l'excellente

(1) *Journal de physique*, t. LIX (1804), pp. 10, 12.
(2) *Id.*, t. LX (1805), p. 418.

description des roches d'obsidienne de Hongrie, qui a été
donnée par Beudant (1), avec celle de la même formation
au Mexique et au Pérou par de Humboldt (2), et avec les
descriptions des régions trachytiques des îles italiennes données par divers auteurs (3). Plusieurs passages
auraient pu être copiés sans modifications dans les
ouvrages des auteurs que je viens de citer, et auraient
pu s'appliquer à notre île. Tous les auteurs s'accordent
sur le caractère lamellaire et stratifié de la série entière,
et de Humboldt parle de quelques bancs d'obsidienne
qui sont rubanés comme du jaspe (4). Tous constatent le
caractère noduleux ou concrétionné de l'obsidienne, et
le passage des nodules à des couches. Tous insistent
sur les alternances répétées de couches vitreuses, per-

(1) *Voyage en Hongrie*, t. I, p. 330 ; t. II, pp. 221 et 315 ; t. III,
pp. 369, 371, 377, 381.

(2) *Essais géognostiques*, pp. 176, 326, 328.

(3) P. Scrope, *Geological Transactions*, vol. II (second series),
p. 195. Consulter aussi : Dolomieu, *Voyage aux Isles Lipari*, et
D'Aubuisson, *Traité de géognosie*, t. II, p. 534.

(4) J'ai observé que dans les obsidiennes du Mexique formant la
belle collection de M. Stokes, les sphérulites sont ordinairement
beaucoup plus grandes que celles de l'Ascension ; elles sont généralement blanches, opaques, et sont accolées en couches distinctes. Plusieurs variétés remarquables diffèrent de toutes celles
de l'Ascension. Les obsidiennes présentent des zones minces,
absolument droites ou ondulées, qui ne se distinguent de la
masse que par des différences extrêmement faibles de nuance,
de porosité ou d'état vitreux plus ou moins parfait. En suivant
un certain nombre des zones les moins nettement vitreuses, on
constate qu'elles se montrent bientôt parsemées de sphérulites
blanches très petites qui deviennent de plus en plus nombreuses et
finissent par se réunir en une couche distincte. A l'Ascension, au
contraire, les sphérulites brunes seules se réunissent et forment
des couches ; les blanches sont toujours disséminées irrégulièrement. Certains échantillons appartenant aux collections de la
Société géologique, et rapportés à une formation d'obsidienne
du Mexique, ont une cassure terreuse et sont divisés en lamelles
extrêmement fines par des taches d'un minéral noir semblables
aux taches d'augite et de hornblende des roches de l'Ascension.

lées, lithoïdes et cristallines qui se produisent souvent suivant des surfaces ondulées. Pourtant les couches cristallines semblent beaucoup mieux développées à l'Ascension que dans les autres contrées désignées plus haut. D'après de Humboldt, un certain nombre des bancs lithoïdes ressemblent de loin à des couches de grès schisteux. Suivant ces auteurs, les sphérulites sont toujours abondantes, et elles paraissent marquer partout le passage des bancs parfaitement vitreux aux bancs lithoïdes et cristallins. La description que Beudant (1) donne de sa « perlite lithoïde globulaire » pourrait avoir été écrite, jusque dans ses moindres détails, pour les petits globules sphérulitiques bruns des roches de l'Ascension.

La grande ressemblance qui existe, sous tant de rapports, entre les formations d'obsidienne de Hongrie, du Mexique, du Pérou, de certaines îles italiennes et celles de l'Ascension, me fait croire qu'en toutes ces contrées l'obsidienne et les sphérulites doivent leur origine à un concrétionnement de la silice, et de quelques-uns des autres éléments constituants, s'opérant pendant que la masse liquéfiée se refroidissait avec la rapidité voulue. On sait cependant qu'en diverses localités l'obsidienne s'est répandue en coulées comme la lave, par exemple à Ténérife, aux îles Lipari et en Islande (2). Les parties superficielles sont alors les plus parfaitement vitreuses, l'obsidienne se transformant à la profondeur de quelques pieds en une pierre opaque. Dans une analyse faite par Vauquelin d'un échantillon d'obsidienne de l'Hécla, qui avait probablement coulé comme une lave, la proportion de silice est à peu près la même que dans l'obsidienne noduleuse et concrétionnée du Mexique. Il serait intéressant de déterminer si les parties intérieures opaques et

(1) *Voyage de Beudant*, t. III. p. 373.
(2) Pour Ténérife, voir von Buch, *Descript. des isles Canaries*, p. 184 et 190 ; pour les îles Lipari, voir le *Voyage* de Dolomieu, p. 34 ; pour l'Islande, voir *Mackenzie's Travels*, p. 369.

la surface vitreuse externe contiennent la même proportion d'éléments constitutifs. Nous savons, d'après M. Dufrénoy (1), que la composition des parties internes et externes d'une même coulée de lave est parfois fort différente. Quand même la masse totale de la coulée serait uniformément composée d'obsidienne noduleuse, il suffirait, d'après les faits que nous venons de rapporter, de supposer qu'au moment de l'émission de la lave ses éléments constituants étaient mélangés en même proportion que dans l'obsidienne concrétionnée.

Structure lamellaire de roches volcaniques de la série trachytique. — Nous avons vu que, dans des contrées diverses et fort éloignées les unes des autres, les strates qui alternent avec les lits d'obsidienne sont fortement lamellaires. En outre, les nodules de l'obsidienne, quelles que soient leurs dimensions, sont zonés de différentes nuances, et j'ai vu dans la collection de M. Stokes un échantillon provenant du Mexique dont la surface externe était décomposée (2) et portait des crêtes et des sillons correspondant à des zones plus ou moins vitreuses. En outre, de Humboldt (3) a trouvé au pic de Ténérife une coulée d'obsidienne subdivisée par des couches de ponce alternantes et très minces. Un grand nombre d'autres laves de la série feldspathique sont lamellaires ; ainsi, à l'Ascension, des masses de trachyte ordinaire sont divisées par des lignes terreuses fines, suivant lesquelles la roche se divise et qui séparent de minces couches à couleurs peu tranchées. En outre, la plupart des cristaux

(1) *Mémoire pour servir à une description géologique de la France,* t. IV, p. 371.

(2) Mac Culloch constate (*Classification of Rocks*, p. 531) que, sur les dikes de rétinite à l'île d'Arran, les surfaces exposées à l'air sont sillonnées « de lignes ondulées, ressemblant à certains genres de papier marbré et qui résultent évidemment d'une différence correspondante dans la structure lamellaire ».

(3) *Personal Narrative*, vol. I, p. 222.

empâtés de feldspath vitreux sont alignés suivant cette
même direction. M. P. Scrope (1) a décrit un trachyte
colonnaire remarquable des îles Ponza, qui paraît avoir
été injecté dans une masse surincombante de conglomérat trachytique ; il est rayé de zones souvent extrêmement fines se distinguant par la texture et la couleur ; les
zones les plus dures et les plus foncées paraissent contenir une plus grande proportion de silice. Dans une
autre partie de l'île, il existe des couches de perlite et de
rétinite ressemblant, sous beaucoup de rapports, à celles
de l'Ascension. Dans le trachyte colonnaire, les zones sont
ordinairement contournées ; elles s'étendent sans inter-
ruption sur une grande longueur, suivant une direction
verticale paraissant être parallèle aux faces latérales de
la masse qui affecte la forme d'un dike. Von Buch (2) a
décrit à Ténérife une coulée de lave contenant d'innombrables cristaux de feldspath minces et tabulaires, disposés comme des fils blancs, l'un derrière l'autre, et
orientés pour la plupart suivant une même direction.
Dolomieu (3) constate aussi que les laves grises du cône
moderne de Vulcano, dont la texture est vitreuse, sont
rayées de lignes blanches parallèles ; il décrit ensuite une
roche ponceuse résistante à structure fissile comme
celle de certains schistes micacés. Le phonolite, qui,
comme on le sait, est souvent, sinon toujours, une roche
d'injection, a fréquemment aussi une structure fissile ;
cette structure est due généralement à l'orientation parallèle des cristaux de feldspath empâtés, mais semble parfois à peu près indépendante de leur présence, comme
on l'observe à Fernando Noronha (4). Ces faits nous

(1) *Geological Transactions*, vol. II (seconde série), p. 195.
(2) *Description des îles Canaries*, p. 184.
(3) *Voyage aux îles de Lipari*, pp. 35 et 85.
(4) Dans ce cas, comme dans celui de la pierre ponce fissile,
la structure s'écarte beaucoup de celle des roches précédentes,
dont les lamelles consistent en couches alternantes qui diffèrent
de composition ou de texture. Cependant il y a des raisons

montrent que des roches feldspathiques de diverses
espèces présentent soit une structure lamellaire, soit une
structure fissile, et que ces structures s'observent sur des
masses injectées dans des strates surincombantes, et sur
d'autres masses qui ont coulé comme des laves.

Les feuillets des bancs qui alternent avec l'obsidienne
à l'Ascension plongent, suivant un angle très prononcé,
sous la montagne au pied de laquelle les bancs se
trouvent, et ils ne semblent pas devoir cette inclinaison
à un mouvement violent. Au Mexique, au Pérou et dans
certaines des îles italiennes (1), ces bancs offrent habituellement une forte inclinaison ; en Hongrie, au contraire, les
couches sont horizontales. En outre, si je comprends
bien la description qui en a été donnée, les lamelles d'un
certain nombre des coulées de lave citées plus haut
semblent être fortement inclinées ou verticales. Je doute
qu'en aucun de ces cas les feuillets aient été amenés à leur
position actuelle postérieurement à leur formation, et
dans certains exemples, comme dans celui du trachyte
décrit par M. Scrope, il est presque certain qu'ils ont
été formés originairement dans une position fortement
inclinée. Dans plusieurs de ces cas, il est évident que la
masse de roche liquéfiée s'est déplacée suivant la direction des lamelles. A l'Ascension, plusieurs des vacuoles
paraissent étirées et sont traversées par des libres grossières semi-vitreuses dirigées dans le sens des lamelles,
et certaines couches qui séparent les globules sphérulitiques ont un aspect scoriacé qui paraît dû au frotte-

de croire avec d'Aubuisson que dans certaines formations sédi
mentaires qui semblent homogènes et fissiles, par exemple,
dans une ardoise à éclat micacé, les lamelles sont dues réellement à des couches alternantes de mica excessivement minces.

(1) Voir *Phillips' Mineralogy*, p. 136, pour les îles italiennes.
Pour le Mexique et le Pérou, voir l'*Essai géognostique*, de de Humboldt. M. Edwards décrit aussi la forte inclinaison des obsidiennes de Cerro del Navaja, au Mexique, dans les *Proc. of the
geolog. Soc.* de juin 1838.

ment que les globules leur ont fait subir. J'ai vu dans
la collection de M. Stokes un spécimen d'obsidienne
zonée du Mexique, dans lequel les surfaces des couches
les plus nettement définies étaient striées ou sillonnées
de lignes parallèles, et ces lignes ou stries ressemblaient
exactement à celles qui se produisent à la surface d'une
masse de verre artificiel en fusion quand on le répand
du vase qui le renferme. Humboldt aussi a décrit de
petites cavités, qu'il compare à la queue des comètes et
qui s'étalent derrière des sphérulites dans des obsidiennes
lamellaires du Mexique ; et M. Scrope a décrit d'autres
cavités à la partie postérieure de fragments empâtés
dans un trachyte lamellaire : il croit qu'elles se sont formées pendant que la masse était en mouvement (1). D'a-
près ces faits, plusieurs auteurs ont attribué la lamellation
de ces roches volcaniques au mouvement qu'elles ont
subi quand elles étaient à l'état liquide. Quoiqu'il soit facile de comprendre pourquoi chaque vacuole, ou chaque
fibre de pierre ponce (2), doit être étirée dans le sens du
mouvement de la masse, on ne voit nullement pour
quelle raison le mouvement aurait disposé ces vacuoles
et ces fibres dans les mêmes plans, et en lames absolument droites et parallèles entre elles qui sont souvent
d'une finesse extrême ; et l'on voit encore beaucoup
moins pour quelle cause ces couches arrivent à présen-

(1) *Geological Transactions*, vol. II (seconde série), p. 200, etc.
Dans certains cas, ces fragments empâtés consistent en trachyte
lamellaire détaché de la masse « et enveloppé dans les parties
qui restaient encore liquides ». Beudant aussi, dans son grand
ouvrage sur la Hongrie, cite plusieurs fois des roches trachytiques irrégulièrement tachetées de fragments appartenant aux
variétés qui forment ailleurs les rubans parallèles. Dans ces
divers cas, nous devons supposer qu'après qu'une partie de la
masse fondue eût pris la structure lamellaire, une nouvelle éruption de lave vint la bouleverser et en envelopper les fragments,
et que plus tard tout l'ensemble prit une nouvelle disposition
lamellaire.

(2) Dolomieu, *Voyage*, p. 64.

ler une composition presque semblable avec une structure différente.

Pour chercher à établir la cause qui a déterminé la lamellation de ces roches feldspathiques ignées, rappelons les faits décrits d'une manière si détaillée à l'Ascension. Nous voyons qu'un certain nombre des couches les plus minces sont constituées, en très grande partie, par de nombreux cristaux excessivement petits, quoique parfaits, de divers minéraux ; que d'autres couches sont formées par la réunion de globules concrétionnés de différentes espèces, et que souvent on ne saurait distinguer les couches ainsi constituées des couches feldspathiques ordinaires et des couches de rétinite, dont la masse totale est constituée en grande partie. A en juger par plusieurs cas semblables, la structure fibro-radiée des sphérulites paraît allier la tendance à la concrétion avec la tendance à la cristallisation ; en outre, les cristaux isolés de feldspath sont tous disposés dans les mêmes plans parallèles (1). Ces forces en se combinant ont joué, par conséquent, un rôle important dans la lamellation de la masse, mais elles ne sauraient être considérées comme la force primordiale ; car les nodules des différentes espèces, les petits aussi bien que les plus grands, sont striés intérieurement par des zones nuancées excessivement fines, parallèles à la lamellation de la masse totale ; et un grand nombre d'entre eux portent aussi à la surface des sillons et des crêtes parallèles dirigés dans cette même direction, et qui n'ont pas été produits par décomposition.

(1) En effet, la formation d'un grand cristal d'un minéral quelconque dans une roche de composition complexe suppose la réunion des atomes nécessaires, en même temps qu'une action de concrétion. La cause pour laquelle tous les cristaux de feldspath sont orientés suivant le sens de leur longueur dans ces roches de l'Ascension est probablement la même que celle de l'allongement et de l'aplatissement dans cette même direction de tous les globules sphérulitiques bruns (qui offrent au chalumeau les caractères du feldspath).

On peut voir distinctement que quelques-unes des stries colorées les plus fines des couches lithoïdes alternant avec l'obsidienne sont dues à un commencement de cristallisation des minéraux constitutifs. On peut aussi constater avec certitude que le degré de cristallisation atteint par les minéraux est en rapport avec la dimension plus ou moins grande, et avec le nombre des fissures ou des petites vacuoles aplaties et échancrées. Des faits nombreux prouvent que la cristallisation est considérablement facilitée quand elle peut s'opérer dans un espace libre, comme le montrent les géodes, et les cavités du bois silicifié, des roches primaires et des filons. J'en conclus que si, pendant le refroidissement d'une masse rocheuse volcanique, une cause quelconque vient à provoquer la formation d'un certain nombre de petites fissures, ou de zones de moindre tension (qui pourront souvent se transformer par dilatation en vacuoles à contours irréguliers sous l'action des vapeurs comprimées), la cristallisation des parties constitutives et probablement la formation de concrétions s'opérera dans ces zones ou y sera notablement facilitée. Il se produira ainsi une structure lamellaire du genre de celle que nous étudions en ce moment.

Pour expliquer la formation des zones parallèles de moindre tension dans les roches volcaniques durant leur consolidation, nous devons admettre l'intervention d'une cause encore indéterminée; tel est le cas pour les couches minces alternantes d'obsidienne et de ponces décrites par de Humboldt, et pour les petites vacuoles aplaties et irrégulières qu'on observe dans les roches lamellaires de l'Ascension; car nous ne pouvons concevoir autrement pour quelle raison les vapeurs contenues dans la masse formeraient par leur expansion des vacuoles ou des fibres disposées en plans séparés parallèles, au lieu de se répandre irrégulièrement dans la roche tout entière. J'ai vu dans la collection de M. Stokes un bel exemple de cette structure dans un spécimen d'obsidienne du Mexique, nuancé et zoné comme la plus belle agate, de nombreuses couches droites et parallèles, plus ou moins blanches et opaques ou presque parfaitement vitreuses ; le degré d'opacité et de vitrification Stet dépendant de l'abondance plus ou moins grande de vacuoles aplaties microscopiques. Dans cet exemple il semble certain que la masse à laquelle appartenait le fragment a été soumise à quelque action, vraisemblablement prolongée, qui a déterminé une légère différence de tension entre les plans successifs.

Plusieurs causes paraissent pouvoir provoquer la formation de zones d'inégale tension dans des masses à demi liquéfiées par la chaleur. J'ai observé dans un fragment de verre dévitrifié des couches de sphérulites qui, d'après la manière dont elles étaient brusquement recourbées, semblaient formées par une simple contraction de la masse dans le vase où elle s'était refroidie. Pour certains dikes de l'Etna décrits par M. Élie de Beaumont (1), et qui sont bordés par des bandes alternantes de roches scoriacée et compacte, on est conduit à supposer que l'étirement des couches environnantes qui a provoqué la formation des fissures s'est continué pendant que la roche injectée demeurait fluide. Cependant, si on se laisse guider par la description si lucide donnée par le professeur Forbes (2) de la structure zonaire de la glace des glaciers, on arrive à admettre que l'interprétation la plus vraisemblable de la structure lamellaire de ces roches feldspathiques doit être cherchée dans l'étirement qu'elles ont subi lorsqu'elles s'écoulaient lentement suivant la pente alors qu'elles étaient encore à l'état pâteux (3), exactement comme la glace des gla-

(1) *Mém. pour servir*, etc., t. IV, p. 131.
(2) *Edinburgh New Phil. Journal*, 1842, p. 350.
(3) Je suppose que c'est à peu près la même explication que M. Scrope entendait donner en parlant (*Geolog. Transact.*, vol. II, seconde série, p. 228) de la structure rubanée de ces roches trachytiques, qui provient d'une » extension linéaire de la

ciers en mouvement s'étend et se fissure. Dans les deux cas on peut comparer les zones à celles des plus fines agates; elles s'étendent toujours dans la direction suivant laquelle la masse a coulé, et celles qui sont visibles à la surface sont généralement verticales. Dans la glace les lames poreuses sont rendues distinctes par la congélation subséquente d'eau infiltrée, et dans les laves feldspathiques lithoïdes par l'intervention postérieure des actions cristalline et concrétionnaire. Le fragment d'obsidienne vitreuse de la collection de M. Stokes et qui est zoné de petites vacuoles, doit ressembler d'une manière frappante à un fragment de glace zonaire si on en juge d'après la description du professeur Forbes. Si le mode de refroidissement et la nature de la masse avaient favorisé sa cristallisation, ou le concrétionnement, nous aurions pu constater dans l'échantillon dont il s'agit, de belles zones parallèles différenciées par leur texture et leur composition. Dans les glaciers les zones de glace poreuse et de petites fissures paraissent dues à un commencement d'étirement provoqué par le fait que les parties centrales du glacier progressent plus rapidement que les parties latérales et que le fond, dont la marche est retardée par le frottement. C'est pour cette raison que les zones deviennent horizontales dans certains glaciers d'une forme déterminée, et à l'extrémité inférieure de presque tous les glaciers. On pourrait se demander si les laves feldspathiques à lamelles horizontales ne nous offrent pas un cas analogue. Tous les géologues qui ont étudié des régions trachytiques sont arrivés à conclure que les laves de cette série n'ont été qu'imparfaitement fluides. Il est évident, en outre, que les matières qui ont eu une faible fluidité sont les seules qui puissent se fissurer et où les différences de tension puissent provoquer la disposition zonaire, comme nous l'admettons ici. C'est peut-être

masse imparfaitement liquide, accompagnée d'une action de concrétion ».

pour cette raison que les laves augitiques, qui semblent généralement avoir joui d'un haut degré de fluidité, ne sont pas (1) divisées en lames de composition et de texture différentes, comme les laves feldspathiques. En outre, dans la série augitique, il ne paraît jamais exister de tendance à l'action concrétionnaire qui joue, comme nous l'avons vu, un rôle important dans la structure iamellaire des roches de la série trachytique, ou qui, tout au moins, contribue à rendre cette structure apparente.

Quelle que soit l'opinion qu'on puisse avoir sur l'interprétation que je viens de donner ici de la structure lamellaire des roches trachytiques, je me permets d'attirer l'attention des géologues sur ce seul fait, qu'à l'île de l'Ascension, dans une masse rocheuse d'origine incontestablement volcanique, il s'est produit des couches souvent très minces, absolument droites et parallèles entre elles. Une partie de ces couches sont composées de cristaux isolés de quartz et de diopside, auxquels s'ajoutent des taches amorphes de nature augitique et des grains de feldspath. D'autres couches sont entièrement constituées par ces taches augitiques noires avec des granules d'oxyde de fer. Enfin, un certain nombre de couches sont formées de feldspath cristallin plus ou moins pur, associé à de nombreux cristaux de feldspath orientés dans le sens de leur longueur. Il y a des raisons de croire que, dans cette île, les lamelles ont été formées originairement dans la position fortement inclinée qu'elles occupent aujourd'hui, et ce fait est parfaitement établi pour d'autres roches analogues. Les faits de ce genre sont incontestablement im-

(1) Il n'est pas rare que des laves basaltiques, ainsi que plusieurs autres roches, soient divisées en lames ou plaques épaisses, de même composition, et qui sont tantôt droites et tantôt courbées; ces lames, coupées par des lignes de fissure verticales, s'unissent quelquefois pour constituer des colonnes. Cette structure paraît se rapprocher, quant à son origine, de celle que présentent un grand nombre de roches ignées et sédimentaires traversées par des systèmes de fissures parallèles.

portants quant à l'origine de la structure de cette grande
série de roches plutoniques qui, de même que les roches
volcaniques, ont été soumises à l'action de la chaleur, et
qui sont formées de couches alternantes de quartz, de feldspath, de mica et d'autres minéraux.

CHAPITRE IV

SAINTE-HÉLÈNE

Laves des séries feldspathique, basaltique et sous-marine. — Coupe de Flagstaff Hill et du Barn. — Dikes. — Baies Turk's Cap et Prosperous. — Enceinte basaltique. — Crête centrale cratériforme avec rebord intérieur et parapet. — Cônes de phonolite. — Bancs superficiels de grès calcareux. — Coquilles terrestres éteintes. — Lits de détritus. — Soulèvement de la région. — Dénudation. — Cratères de soulèvement.

L'île tout entière est d'origine volcanique : suivant Beatson (1), sa circonférence est d'environ 28 milles. Le centre et la plus grande partie de l'île sont constitués par des roches de nature feldspathique, généralement très décomposées, et offrant alors une remarquable succession de lits argileux tendres, alternants, rouges, pourpres, bruns, jaunes et blancs. Par suite du peu de durée de notre séjour, je n'ai pu examiner ces lits avec soin : quelques-uns d'entre eux, spécialement ceux à nuances blanches, jaunes et brunes, constituaient originairement des coulées de lave, mais la plupart de ces lits ont probablement été éjaculés sous forme de scories et de cendres ; d'autres lits, colorés en pourpre, avec des plages à contours cristallins constituées par une substance blanche tendre, semblent avoir été autrefois des porphyres argileux compacts et résistants ; ils sont aujour-

(1) *Account of St-Helena* by governor Beatson.

d'hui onctueux au toucher, et donnent, comme la cire, une rayure luisante sous l'ongle. Les lits argileux rouges offrent généralement une structure bréchiforme, et ont été formés, sans aucun doute, par la décomposition de scories. Cependant, plusieurs coulées fort étendues, appartenant à cette série, conservent leur caractère lithoïde, elles sont soit d'une couleur vert-noirâtre avec de petits cristaux aciculaires de feldspath, soit d'une teinte très pâle ; dans ce dernier cas, elles sont formées principalement de petits cristaux de feldspath souvent écailleux, portant un grand nombre de taches noires microscopiques. Ces coulées sont généralement compactes et lamellaires ; pourtant d'autres coulées, d'une composition semblable, sont celluleuses et légèrement altérées. Aucune de ces roches ne renferme de grands cristaux de feldspath ni ne présente la cassure rugueuse caractéristique du trachyte. Ces laves et ces tufs feldspathiques recouvrent les autres roches et appartiennent donc à la dernière phase éruptive ; cependant d'innombrables dikes et de grandes masses de roches fondues y ont été postérieurement injectés. Ils convergent, en s'élevant, vers la crête curviligne centrale, dont un point atteint l'altitude de 2.700 pieds. Cette crête est la partie la plus élevée de l'île, et elle a constitué autrefois le bord septentrional d'un grand cratère, d'où se sont écoulées les laves de cette série ; la structure de ce cratère est rendue fort obscure par l'état de dégradation dans lequel il se trouve, par la disparition de sa partie méridionale et par les dislocations violentes que l'île a subies.

Série basaltique. — La côte de l'île consiste en un cercle, grossièrement dessiné, de grands remparts de basalte, noirs et stratifiés, s'inclinant vers la mer et que les flots ont transformés en falaises souvent presque perpendiculaires, dont la hauteur varie de quelques centaines de pieds à 2.000 pieds. Ce cercle, ou plutôt cette enceinte en forme de fer à cheval est ouverte du

côté du sud et entamée par plusieurs autres grandes
brèches. Son rebord supérieur ou sommet ne s'élève
ordinairement qu'à une faible altitude au-dessus du
niveau de la contrée intérieure voisine, et les laves
feldspathiques plus récentes, descendant des hauteurs
centrales, viennent généralement buter contre son
plan interne qu'elles recouvrent; mais, dans la partie
nord-ouest de l'île (pour autant qu'on en puisse juger de
loin) les laves semblent avoir débordé cette barrière et
l'avoir masquée en partie. En certains endroits où l'anneau basaltique est rompu et où cette enceinte noire
est divisée en tronçons, les laves feldspathiques ont
coulé entre ces derniers et surplombent aujourd'hui la
côte sous forme de falaises élevées. Ces roches basaltiques ont une couleur noire et sont stratifiées en couches
minces; elles sont habituellement très celluleuses, mais
parfois compactes; quelques-unes d'entre elles renferment de nombreux cristaux de feldspath vitreux et des
octaèdres de fer titanifère; d'autres abondent en cristaux
d'augite et en grains d'olivine. Les vacuoles sont fréquemment tapissées de petits cristaux (de chabasie ?), ce
qui donne même parfois à la roche une structure amygdaloïdale. Les coulées de lave sont séparées les unes
des autres par des cendres ou par un tuf salifère friable,
d'un rouge vif, offrant des lignes superposées comme
celles que provoque la sédimentation et qui présente
parfois une structure concrétionnée mal définie. Les
roches de la série basaltique ne se montrent que près
de la côte. Dans la plupart des contrées volcaniques
les laves trachytiques sont plus anciennes que les laves
basaltiques; mais ici nous constatons qu'un grand
amas de roches, dont la composition est très voisine de
celle de la famille trachytique, a été éjaculé après les
nappes basaltiques : cependant les nombreux dikes
injectés dans les laves feldspathiques, et où abondent
de grands cristaux d'augite, dévoilent peut-être une tendance au retour vers le mode ordinaire de superposition.

Laves sous-marines de la base. — Les laves de la série inférieure se trouvent immédiatement au-dessous des roches basaltiques et feldspathiques. Suivant M. Seale (1), on peut les observer, en divers points de la plage, sur le pourtour entier de l'île. Dans les coupes que j'ai étudiées, leur nature est fort variable; quelques-unes des couches abondent en cristaux d'augite; d'autres, colorées en brun, sont laminaires ou formées de galets, et plusieurs sections sont rendues fortement amygdaloïdes par la présence de matières calcaires. Les nappes successives sont intimement unies entre elles, ou séparées les unes des autres par des bancs de roches scoriacées ou de tuf laminaire renfermant souvent des fragments nettement arrondis. Les interstices de ces couches sont remplis de gypse et de sel; le gypse se présente parfois aussi en lits minces. L'abondance de ces deux substances, la présence de cailloux roulés dans les tufs et l'abondance des roches amygdaloïdes me portent à croire que ces couches volcaniques inférieures sont d'éruption sous-marine. Peut-être cette remarque doit-elle être appliquée aussi à une partie des roches basaltiques surincombantes; mais je n'ai pu trouver de preuve bien nette de ce dernier fait. Partout où j'ai examiné les couches de la série inférieure, j'ai constaté qu'elles étaient traversées par un très grand nombre de dikes.

Flagstaff Hill et le Barn. — Je décrirai maintenant quelques-unes des coupes les plus remarquables en commençant par ces deux collines qui constituent les traits les plus caractéristiques de la partie nord-est de l'île. Le profil carré et anguleux du Barn ainsi que sa couleur noire montrent au premier coup d'œil qu'il appartient à la série basaltique, tandis que la surface

(1) *Geognosy of the Island of Saint-Helena*. M. Seale a construit un modèle à grande échelle de l'île de Sainte-Hélène, qui mérite une visite, et qui se trouve actuellement au Collège d'Addiscombe dans le Surrey.

adoucie et la forme conique de Flagstaff Hill, et ses teintes
vives et variées prouvent avec la même évidence que
cette dernière colline est formée des roches feldspathiques altérées, dont il a été question au commencement
du chapitre. Ces deux hautes collines sont réunies
(comme on le voit dans la figure n° 8) par une crête
aiguë constituée par les laves à galets de la série inférieure. Les couches de cette crête plongent vers l'ouest
sous un angle qui diminue graduellement à mesure
qu'on s'avance vers le Flagstaff, et l'on peut constater,
quoique assez difficilement, que les couches feldspa-

FIG. 8.

Ouest.
Flag-Staff Hill.
Hauteur : 2.272 pieds.

Est.
Le Barn.
Hauteur : 2.015 pieds.

Les lignes épaisses représentent les couches basaltiques : les
lignes fines, les couches sous-marines inférieures ; les lignes
pointillées, les couches feldspathiques supérieures. Les dikes
sont indiqués par des hachures transversales.

thiques supérieures de cette colline plongent uniformément vers l'W.-S.-W. Près du Barn, les couches de la
crête sont presque verticales, mais leur allure est masquée par d'innombrables dikes ; leur inclinaison change
probablement sous cette colline et, de verticales qu'elles
étaient, les couches se montrent inclinées dans un sens
opposé : en effet, les couches supérieures basaltiques,
qui ont environ 800 à 1.000 pieds d'épaisseur, plongent
vers le nord-est sous un angle de 30 à 40°.

La crête ainsi que les collines de Flagstaff et de
Barn sont sillonnées de dikes, dont plusieurs conservent un parallélisme remarquable suivant une direction
N.-N.-W — S.-S.-E. Les dikes sont formés principalement d'une roche à laquelle de grands cristaux d'augite donnent la structure porphyrique, d'autres dikes sont

formés d'un trapp brun à grains fins. La plupart de ces
dikes sont recouverts d'une couche brillante (1), épaisse
de un à deux dixièmes de pouce, fusible en un émail
noir, contrairement à ce qui se produit pour la rétinite
véritable. Cette couche est évidemment analogue au
revêtement superficiel brillant qu'on observe sur un
grand nombre de coulées de lave. On peut suivre souvent les dikes sur de grandes surfaces, tant dans le sens
horizontal que dans le sens vertical, et ils paraissent
conserver une épaisseur à peu près toujours uniforme (2).
M. Seale rapporte qu'un dike situé près du Barn ne
décroît en largeur que de 4 pouces seulement sur toute
sa hauteur, qui est de 1.260 pieds, — de 9 pieds à la
base elle se réduit à 8 pieds 8 pouces au sommet. Dans
cette crête la direction suivie par les dikes paraît avoir
été surtout déterminée par l'alternance de couches tendres et dures ; souvent ils sont intimement associés aux
couches les plus dures, et restent parallèles sur des
longueurs si considérables que fréquemment il devient
impossible de distinguer les bancs qui sont de vrais
dikes, des nappes de lave. Quoique les dikes soient si
nombreux sur cette crête, ils sont plus nombreux encore
dans les vallées voisines situées au sud, à tel point que
je n'en ai vu nulle part un aussi grand nombre. Dans
ces vallées ils ont une orientation moins régulière et
couvrent le sol d'un réseau semblable à une toile d'arai-
gnée ; en certains points la surface du sol paraît même

(1) Ce fait a été observé (Lyell, *Principles of Geology*, vol. IV,
chap. x, p. 9) dans les dikes de l'Atrio del Cavallo, mais il n'est
probablement pas fort commun. Sir G. Mackensie affirme cependant (*Travels in Iceland*, p. 372) qu'en Islande toutes les veines
présentent sur leurs bords « un revêtement noir vitreux ». Le capitaine Carmichaël dit, en parlant des dikes de Tristan d'Acunha,
île volcanique de l'Atlantique méridional, que leurs bords « sont
invariablement semi-vitreux au contact de la roche encaissante ».
(*Linnæan Transactions*, vol. XII, p. 485.)

(2) *Geognosy of the Island of Saint-Helena*, pl. 5.

exclusivement constituée par des dikes entrelacés.

Cette disposition complexe des dikes, la forte inclinaison et l'anticlinal des couches de la série inférieure recouvertes aux extrémités opposées de cette crête par deux grandes masses rocheuses, d'âge et de composition différents, devaient, à mon avis, conduire presque infailliblement à une fausse interprétation de cette coupe. On a même supposé que la région qui nous occupe avait fait partie d'un cratère, mais cette opinion s'écarte tellement de la vérité que le sommet de Flagstaff Hill a constitué autrefois l'extrémité inférieure d'une nappe de lave et de cendres éjaculées par la crête cratériforme centrale. A en juger par la pente des coulées contemporaines dans une partie voisine et non bouleversée de l'île, les couches de Flagstaff Hill doivent avoir été soulevées de 1.200 pieds au moins, et probablement d'une quantité beaucoup plus considérable encore, car les grands dikes tronqués qu'on observe au sommet de la colline démontrent qu'elle a été fortement dénudée. Le sommet de Flagstaff Hill atteint à peu près la même hauteur que la crête cratériforme, et, avant d'avoir subi une dénudation, il était probablement plus élevé que cette crête, dont il est séparé par une région fort étendue et beaucoup plus basse ; par conséquent, nous constatons ici que l'extrémité inférieure d'un système de coulées de lave a été redressée de manière à atteindre une altitude égale ou même peut-être supérieure à celle du cratère sur les flancs duquel elles ont coulé originairement. Je crois que les dislocations de cette amplitude sont extrêmement rares (1) dans les régions volcaniques. La formation de dikes aussi nombreux dans cette partie de l'île prouve que la surface de la région

(1) M. Constant Prévost (*Mémoires de la Société Géologique*, t. II) fait observer que « les produits volcaniques n'ont que localement et rarement même dérangé le sol, à travers lequel ils se sont fait jour ».

doit avoir subi une dislocation tout à fait extraordi-
naire. Sur la crête entre les collines de Flagstaff et de
Barn cette dislocation ou extension s'est probablement
produite après le redressement des couches, ou a peut-
être suivi immédiatement ce phénomène, car, si les
couches avaient été alors horizontales, elles auraient fort
probablement été fissurées et injectées dans le sens
transversal et non suivant le plan de stratification.
Quoique la contrée qui s'étend entre le Barn et Flagstaff Hill présente une ligne anticlinale bien nette dirigée
du nord au sud, et quoique la plupart des dikes suivent
cette même ligne avec beaucoup de régularité, les couches occupent cependant leur position primitive à un
mille seulement au sud de la crête. Cela démontre que
la force perturbatrice a exercé son action plutôt sur un
point isolé que suivant une ligne. Son mode d'activité
se trouve probablement expliqué par la structure du
Little Stony-top, montagne de 2.000 pieds de hauteur,
située à quelques milles au sud du Barn ; nous distin-
guons là, même de loin, une sorte de coin aigu, formé
d'une roche colonnaire compacte, de couleur sombre, et
les couches feldspathiques aux teintes brillantes descendant sur ses deux flancs, à partir de son sommet dénudé.
Ce coin, qui a fait donner à la montagne le nom de
Stony-top, consiste en une masse rocheuse injectée à
l'état liquide dans les couches surincombantes ; et si
nous supposons qu'une masse rocheuse semblable a
été injectée sous la crête reliant le Barn et Flagstaff Hill,
on pourrait expliquer ainsi la structure de cette région.

Baies Turks' Cap et Prosperous. — Prosperous Hill
est une grande montagne noire et escarpée, située à
2 milles et demi au sud du Barn, et constituée de couches basaltiques comme cette dernière colline. Ces
couches reposent d'un côté sur les bancs porphyriques
bruns de la série inférieure, et d'un autre côté sur une
masse fissurée d'une roche fortement scoriacée et amyg-

daloïde, qui paraît avoir constitué un centre d'éruption
sous-marine peu étendu et contemporain de la série inférieure. Prosperous Hill est traversé, comme le Barn,
par un grand nombre de dikes, dont la plupart courent
du nord au sud, et ses couches plongent obliquement,
peut-on dire, de l'île vers la mer, sous un angle d'environ 30°. Comme on le voit dans la figure n° 9, l'espace
compris entre Prosperous Hill et le Barn est occupé par
des falaises élevées, formées de laves de la série supérieure ou feldspathique, reposant en stratification discordante sur les strates sous-marines inférieures, comme
nous avons vu qu'elles le font à Flagstaff Hill. Néanmoins, à l'opposé de ce qui se présente sur cette der-

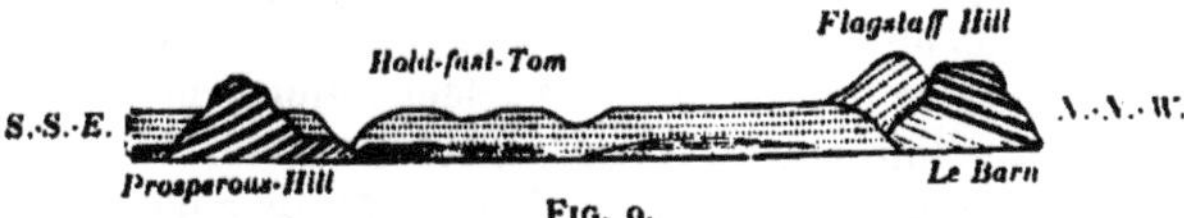

FIG. 9.

Les lignes doubles représentent les couches basaltiques; les
lignes simples, les couches sous-marines inférieures; les lignes
pointillées, les couches feldspathiques supérieures.

nière colline, les couches supérieures sont presque
horizontales et s'élèvent doucement vers l'intérieur de
l'île. En outre, ces couches sont composées de laves compactes, noir-verdâtre, ou plus communément brun pâle.
au lieu d'être constituées par des matériaux devenus tendres, et colorés de teintes vives. Ces laves compactes
brunes sont formées presque entièrement de feldspath en
petits éclats luisants ou en petits cristaux aciculaires très
rapprochés les uns des autres et associés à de nombreuses
petites taches noires qui sont probablement de la hornblende. Les strates basaltiques de Prosperous Hill ne
s'élèvent qu'à une faible hauteur au-dessus du niveau des
coulées feldspathiques doucement inclinées qui viennent
buter contre leurs bords redressés et les entourent.
L'inclinaison des couches basaltiques paraît trop prononcée pour être due au fait qu'elles auraient coulé sur

une pente, et elles doivent avoir été amenées à leur position actuelle par un redressement survenu avant l'éruption des coulées feldspathiques.

Enceinte basaltique. — En faisant le tour de l'île, on
observe qu'au sud de Prosperous Hill les laves de la série supérieure forment des falaises très élevées surplombant la mer. Le cap désigné sous le nom de Great Stony-
top, et qu'on rencontre ensuite, est composé, je crois,
de basalte ainsi que le promontoire appelé Long Range
Point. auquel aboutissent, du côté de la terre, les couches colorées. Sur la côte sud de l'île nous voyons les
strates basaltiques de South Barn plonger obliquement
vers la mer sous un angle très prononcé ; ce cap dépasse
légèrement aussi le niveau des laves feldspathiques plus
modernes. Plus loin encore, la côte a été fortement dénudée sur une grande longueur, de chaque côté de Sandy
Bay, et il ne semble plus être resté en cet endroit que
les débris de la base du grand cratère central. Les couches basaltiques reparaissent avec leur inclinaison vers
la mer, au pied de la colline appelée Man-and-Horse ; et
elles se poursuivent sur toute la longueur de la côte
nord-ouest, depuis ce point jusqu'à Sugar-Loaf Hill, qui
est situé près du Flagstaff. Ces coulées offrent partout la
même inclinaison vers la mer, et elles reposent, en certains points au moins, sur les laves de la série inférieure.
Nous voyons ainsi que la circonférence de l'île est formée par une enceinte de basalte fortement ébréchée, ou
plutôt par des masses de basalte disposées en forme de
fer à cheval ouvert vers le sud et coupé par plusieurs
larges brèches du côté de l'est. La largeur de cette frange
marginale paraît varier de 1 mille à 1 mille et demi du
côté nord-ouest, qui est le seul où elle soit parfaitement complète. Les couches basaltiques et celles de la
série inférieure, qu'elles recouvrent, sont faiblement inclinées vers la mer aux endroits où leur allure primitive
n'a pas été modifiée. La dégradation plus prononcée de

l'anneau basaltique autour de la moitié orientale de l'île qu'autour de sa moitié occidentale, est due évidemment à ce que la puissance érosive des vagues est beaucoup plus considérable sur la côte orientale, exposée au vent, que sur la côte placée sous le vent, c'est ce que prouve du reste la hauteur plus forte des falaises sur la première de ces côtes. On ne saurait affirmer si les brèches ont été ouvertes dans la bordure de basalte avant ou après l'éruption des laves de la série supérieure ; mais, comme certaines parties détachées de l'enceinte basaltique paraissent avoir été redressées avant que ce phénomène se fût produit, et pour d'autres raison encore, il est fort probable que tout au moins un certain nombre des brèches sont antérieures à l'éruption. Si on reconstitue hypothétiquement cette enceinte circulaire de basalte, l'espace interne, ou la cavité, qui a été comblée ultérieurement par les matières éjaculées par le grand cratère central, paraît avoir présenté une forme ovale, longue de 8 à 9 milles sur 4 milles environ de largeur, et dont l'axe était dirigé suivant une ligne N.-E.-S.-W. coïncidant avec le grand axe actuel de l'île.

Crête centrale courbe. — Cette crête est formée, comme nous l'avons dit plus haut, de laves feldspathiques grises et de tufs argileux rouges, bréchiformes, semblables aux couches de la série supérieure colorées de teintes vives. Les laves grises renferment un grand nombre de petits points noirs, facilement fusibles, et quelques rares cristaux de feldspath de grande dimension. Elles sont généralement devenues fort tendres. Sauf ce caractère et la propriété d'être très vésiculaires en beaucoup d'endroits, elles sont entièrement semblables aux grandes nappes de lave qui surplombent la côte à Prosperous Bay. A en juger d'après les traces de dénudation, il s'est écoulé de longs intervalles de temps entre la formation des bancs successifs dont la crête est constituée. Sur le versant escarpé du nord j'ai

observé dans plusieurs coupes une surface ondulée de
tuf rouge fortement érodée, et recouverte de laves feldspathiques grises décomposées, sans autre interposition
qu'une mince couche terreuse. En un point voisin j'ai
remarqué un dike de trapp, large de 4 pieds, arasé et
recouvert par la lave feldspathique comme le représente
la figure. La crête se termine vers l'est en un crochet,
qui n'est représenté avec une netteté suffisante sur aucune des cartes que j'ai vues. Vers son extrémité occidentale elle s'abaisse graduellement et se divise en plusieurs crêtes secondaires. La
partie la mieux définie de la crête,
entre Diana's Peak et Nest Lodge, sert de base à des pics dont
la hauteur varie de 2.000 à 2.700
pieds, et qui sont les plus élevés
de toute l'île; elle mesure un peu
moins de 3 milles de longueur en
ligne droite. Surtout cet espace la
crête offre un aspect et une struc-
ture uniformes; sa courbure rappelle la ligne de côte d'une
grande baie, et elle est formée de plusieurs lignes courbes
plus petites, dont la concavité est toujours ouverte vers
le sud. Son versant septentrional et externe est renforcé
par des crêtes étroites en arc-boutant qui s'abaissent vers
la plaine environnante. Le côté interne est beaucoup plus
escarpé et s'élève presque à pic; il est constitué par la
tranche des couches qui s'inclinent doucement vers l'intérieur. Le long de certaines parties du versant interne,
et près du sommet, s'étend une corniche unie ou rebord,
dont le contour suit les courbes secondaires de la crête.
Des rebords de ce genre ne sont pas rares dans les cratères volcaniques, et leur formation semble due à l'affaissement d'une nappe horizontale de lave durcie, dont les
bords restent adhérer aux parois du cratère (1) (comme

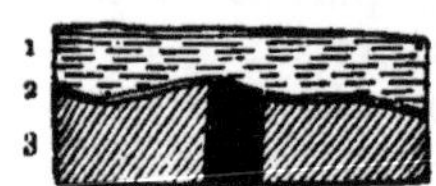

FIG. 10. — Dike.

1. Lave feldspathique grise. —
2. Couche d'une matière terreuse rougeâtre épaisse d'un
pouce. — 3. Tuf argileux
rouge bréchiforme.

(1) Un exemple remarquable de cette structure est décrit dans

la glace aux bords d'un étang dont l'eau s'est retirée).

En certains endroits, la crête est surmontée d'un parapet dont les deux faces sont verticales. Près de Diana's Peak, ce mur est extrêmement étroit. J'ai observé à l'archipel des Galapagos des parapets dont la structure et l'aspect sont identiques à ceux des murs que nous venons de citer, et qui surmontent plusieurs des cratères ; l'un d'eux, que j'ai plus particulièrement étudié, était composé de scories rouges, luisantes, fortement cimentées ; comme il était vertical du côté externe et qu'il s'étendait sur la circonférence du cratère presque tout entière, il le rendait à peu près inaccessible. Suivant de Humboldt, le Pic de Ténérife et le Cotopaxi ont une structure analogue (1); il dit « qu'à leur sommet un mur circulaire entoure le cratère ; vu de loin ce mur offre l'aspect d'un petit cylindre posé sur un cône tronqué. Pour le Cotopaxi (2) cette structure spéciale est visible à l'œil nu d'une distance de plus de 2.000 toises, et personne n'a jamais atteint son cratère. Sur le Pic de Ténérife le parapet est si élevé qu'il serait impossible d'atteindre la *Caldera*, si une crevasse ne s'ouvrait pas sur le côté oriental ». L'origine de ces parapets circulaires est probablement due à la chaleur des vapeurs dégagées du cratère qui en pénètrent et en durcissent les parois sur une profondeur à peu près uniforme ; et plus tard les actions atmosphériques attaquent lentement la montagne sans entamer la partie durcie ; celle-ci se montre alors sous forme de cylindre ou de parapet circulaire.

En tenant compte des particularités de structure que nous venons de signaler dans la crête centrale : la convergence des couches de la série supérieure vers cette

les *Polynesian Researches*, de Ellis (seconde édition), où l'on trouve un dessin admirable des corniches et des terrasses successives qui s'étendent sur les bords de l'immense cratère d'Hawaï aux îles Sandwich.

(1) *Personal Narrative*, t. I, p. 171.
(2) De Humboldt, *Pituresque Atlas*, folio, pl. 10.

crête, l'état fortement vésiculaire que les laves y prennent, la corniche unie qui s'étend le long de son flanc concave et vertical, comme celle qu'on observe dans l'intérieur de certains volcans encore actifs, le mur en forme de parapet qui couronne son sommet, et enfin sa courbure spéciale qui se distingue de tous les profils habituels aux soulèvements, tous ces faits me prouvent que cette crête recourbée n'est autre chose que le dernier vestige d'un grand cratère. Cependant, quand on cherche à retrouver le contour primitif de ce cratère, on est bien vite désorienté; son extrémité occidentale s'abaisse graduellement, et s'étend vers la côte en se divisant en d'autres crêtes; l'extrémité orientale est plus fortement courbée, mais elle est à peine mieux définie. Quelques particularités me font supposer que le mur méridional du cratère rencontrait la crête actuelle près de Nest Lodge; s'il en est ainsi, le cratère doit avoir à peu près 3 milles de longueur sur 1 mille et demi de largeur environ. Nous aurions cherché vainement à reconnaître la véritable nature de la crête, si la dénudation qu'elle a subie et la décomposition des roches dont elle est formée avaient été un peu plus avancées qu'elles ne le sont, et si la crête avait été coupée par de grands dikes et par des masses considérables de matières injectées, comme l'ont été plusieurs autres parties de l'île. Même dans l'état actuel des choses, nous avons vu qu'à Flagstaff Hill l'extrémité inférieure d'une nappe de matière éruptive a été soulevée à une hauteur égale et probablement même supérieure à celle du cratère dont elle s'est écoulée. Il est intéressant de suivre ainsi les degrés par lesquels passe la structure d'une région volcanique en s'obscurcissant peu à peu pour finir par s'effacer. L'île de Sainte-Hélène se rapproche tellement de cette dernière phase que jusqu'ici personne, je crois, n'a supposé que la crête centrale ou l'axe de l'île fût la dernière épave du cratère dont les coulées volcaniques les plus récentes ont été éjaculées.

Le grand espace vide, ou la vallée, qui existe au
sud de la crête centrale curviligne, et sur laquelle s'étendait autrefois la moitié du cratère, est formée de monticules et de crêtes dénudés et érodés, constitués par des
roches rouges, jaunes et brunes, mêlées en une con-
fusion cahotique, entrelacées de dikes, et sans aucune
stratification régulière. La partie principale consiste en
scories rouges en voie de décomposition, associées à
des tufs de diverses variétés et à des lits argileux jaunâtres pleins de cristaux brisés, parmi lesquels ceux
d'augite sont d'une grandeur remarquable. Çà et là sur-
gissent des masses de lave très vésiculaires et très amygdaloïdes. Sur l'une des crêtes, au milieu de la vallée, se
dresse brusquement une colline conique très escarpée,
désignée sous le nom de *Lot*. C'est un trait saillant et
singulier du paysage. Cette colline est formée de phonolite, dont une partie est en grands feuillets courbes, une
autre partie est constituée de boules concrétionnées plus
ou moins anguleuses, et la troisième consiste en colonnes
disposées en rayons divergents. De sa base divergent, en
s'inclinant dans toutes les directions, des couches de
lave, de tuf et de scories (1); la partie du cône qui
émerge au-dessus de ces couches est haute de 197 pieds (2)
et sa section horizontale est ovale. Le phonolite est gris
verdâtre et plein de petits cristaux aciculaires de feldspath; il offre, dans la plupart des cas, une cassure conchoïdale, il est sonore et il est criblé de petites cavités.
Au S.-W. de Lot, on observe plusieurs autres pics colon-

(1) Dans ses *Views of Vesuvius* (pl. VI), Abich a représenté la
manière dont les couches sont relevées, dans des circonstances
à peu près identiques. Les couches supérieures sont redressées
plus fortement que les inférieures, et il explique ce fait en montrant que la lave s'introduit horizontalement entre les couches
inférieures.

(2) Cette altitude est donnée par M. Seale dans sa *Géognosie*
de l'île. La hauteur du sommet au-dessus du niveau de la mer
est évaluée à 1.444 pieds.

naires fort remarquables, mais de forme moins régulière, notamment Lot's Wife, et les Asses' Ears, constitués d'une roche analogue. Leur forme aplatie et leur position relative démontrent clairement qu'ils se trouvent sur la même ligne de fissure. Il est intéressant de remarquer, en outre, que, si on prolongeait la ligne N.-E.-S.-W., joignant Lot et Lot's Wife, elle couperait Flagstaff Hill, qui est sillonné de nombreux dikes courant dans cette même direction, comme nous l'avons dit plus haut, et dont la structure bouleversée rend vraisemblable qu'une grande masse de roche autrefois liquide se trouve injectée sous cette colline.

Dans la même grande vallée on rencontre plusieurs autres masses coniques de roches injectées (j'ai observé que l'une d'entre elles était formée de 'greenstone compact), dont quelques-unes ne semblent avoir aucune relation avec la direction suivie par un dike, tandis que d'autres sont évidemment reliées par une de ces lignes. Trois ou quatre grandes lignes de dikes s'étendent au travers de la vallée suivant une direction N -E.-S.-W., parallèle à celle qui joint les Asses' Ears et Lot's Wife, et probablement Lot. Le grand nombre de ces masses de roches injectées est un trait remarquable de la géologie de Sainte-Hélène. Outre celles que nous venons de citer, et la masse hypothétique qui s'étendrait sous Flagstaff Hill, mentionnons encore la masse qui forme Little-Stony-Top, et comme j'ai lieu de le croire, d'autres masses encore au Man-and-Horse et à High-Hill. La plupart de ces masses, sinon toutes, ont été injectées postérieurement aux dernières éruptions volcaniques du cratère central. La formation, sur des lignes de fissure, de saillies rocheuses coniques, dont les parois sont le plus souvent parallèles, peut être vraisemblablement attribuée à des inégalités de tension, provoquant la formation de petites fissures transversales; les bords des couches cèdent naturellement en ces points d'intersection, et sont facilement redressés. Je dois faire observer, enfin, que partout

les éminences de phonolite ont une tendance (1) à prendre
des formes singulières et même grotesques, comme celle
de Lot; le pic de Fernando Noronha en offre un exemple;
pourtant à San Thiago, les cônes de phonolite, quoique
aigus, ont une forme régulière. En supposant, comme
cela paraît probable, que tous les monticules ou obé-
lisques de ce genre ont été originairement injectés à
l'état liquide dans un moule formé par des couches qui
ont cédé sous la pression des masses injectées, comme
le fait s'est produit certainement pour Lot, on peut se
demander d'où proviennent leurs formes si souvent
escarpées et étranges en comparaison de celles des
masses de greenstone et de basalte qui partagent avec
les premières le même mode de formation. Ces formes
seraient-elles dues à une fluidité moins parfaite que l'on
considère généralement comme caractéristique des laves
trachytiques voisines des phonolites ?

Dépôts superficiels. — On rencontre, tant sur la côte
septentrionale de l'île que sur sa côte méridionale, un
grès calcarifère tendre, en bancs superficiels fort étendus
quoique peu épais. Il consiste en très petits fragments
roulés de coquilles et d'autres organismes d'une dimension
uniforme, qui conservent en partie leurs couleurs jaune,
brune et rose, et offrent parfois, mais très rarement, des
traces vagues de leur forme externe primitive. Je me suis
vainement efforcé de trouver un fragment de coquille
qui ne fût pas roulé. La couleur des fragments est le
caractère le plus net qui fasse reconnaître leur origine :
l'action d'une chaleur modérée altère ces nuances et
provoque le dégagement d'une odeur; ce sont donc des
caractères identiques à ceux que présentent des coquilles fraîches. Ces fragments sont cimentés entre eux
et sont mélangés d'une matière terreuse : d'après Beatson,

(1) Dans son *Traité de Géognosie* (t. III, p. 540), d'Aubuisson
insiste particulièrement sur ce fait.

les masses les plus pures contiennent 70 p. 100 de carbonate de chaux. Les bancs, dont l'épaisseur varie de 2 ou 3 pieds à 15 pieds, recouvrent la surface du sol; on les rencontre généralement sur celui des flancs de la vallée qui est protégé contre l'action du vent, et ils se trouvent à la hauteur de plusieurs centaines de pieds au-dessus du niveau de la mer. Leur position correspond à celle que le sable prendrait aujourd'hui sous l'action du vent alizé; et sans aucun doute ils ont été formés de cette manière, ce qui explique l'uniformité et la finesse des particules, ainsi que l'absence complète de coquilles entières ou même de fragments de dimension moyenne. C'est un fait remarquable que sur aucun point de la côte il n'existe aujourd'hui de bancs coquillers d'où la poussière calcaire aurait pu être enlevée et triée. Nous devons donc remonter à une période plus ancienne, antérieure aux bouleversements qui ont produit les grandes falaises actuelles, et durant laquelle une côte en pente douce, comme celle de l'Ascension, se prêtait à l'accumulation des débris de coquilles. Quelques-uns des bancs de ce calcaire se trouvent à l'altitude de 6 à 700 pieds au-dessus de la mer; mais cette altitude peut être due, en partie, à un soulèvement du sol postérieur à l'accumulation du sable calcaire.

L'infiltration de l'eau des pluies a consolidé certaines parties de ces bancs, les a transformés en une roche compacte, et a provoqué la formation de calcaires stalagmitiques brun foncé. A la carrière de Sugar-Loaf, des fragments de roches ont été recouverts, sur les pentes adjacentes (1), par des couches minces superposées de

(1) En plusieurs points de cette colline, on rencontre dans les détritus terreux des masses irrégulières de sulfate de chaux cristallisé et très impur. Comme cette substance se dépose actuellement en abondance à l'Ascension par l'effet du ressac, il est possible que ces masses aient la même origine; mais s'il en est ainsi, elles doivent s'être formées à une époque où l'île présentait une altitude de beaucoup inférieure à celle qu'elle possède

matière calcaire formant un revêtement épais. Un fait
curieux, c'est qu'un grand nombre de ces cailloux sont
recouverts sur toute leur surface, sans qu'aucun point
indiquant leur contact avec une autre roche ait été laissé
à nu ; ces cailloux doivent donc avoir été soulevés par
l'action du dépôt très lent qui s'opérait et les recouvrait
de couches successives de carbonate de chaux. Des
masses d'une roche blanche, finement oolitique, sont fixées
à la surface externe d'un certain nombre de ces cailloux.
Von Buch a décrit un calcaire compact de Lanzarote
qui ressemble parfaitement au dépôt stalagmitique dont
il s'agit ; cet enduit recouvre des cailloux, et en certains
endroits il est finement oolitique. Ce calcaire forme
une couche très étendue dont l'épaisseur varie d'un
pouce à 2 ou 3 pieds, et on le rencontre à la hauteur de
800 pieds au-dessus de la mer, mais uniquement sur
celle des côtes de l'île qui est exposée aux vents violents du nord-ouest. Von Buch fait observer (1) qu'on
ne le rencontre pas dans les cavités du sol, mais uniquement sur les flancs continus et inclinés de la montagne.
Il croit que ce calcaire a été déposé par les embruns
que ces vents violents portent au-dessus de l'île tout
entière. Il me paraît cependant beaucoup plus vraisemblable que cette roche a été formée, comme à Sainte-
Hélène, par l'infiltration de l'eau dans des amas de
coquilles finement concassées ; car lorsque le sable est
transporté par le vent sur une côte très exposée, il tend
toujours à s'accumuler sur des surfaces larges et unies
offrant aux vents une résistance uniforme. En outre, à
l'île voisine de Fuerteventura (2), il existe un calcaire
terreux qui, d'après von Buch, est entièrement semblable
aux spécimens provenant de Sainte-Hélène qu'il a vus, et

aujourd'hui. Ce gypse terreux se trouve actuellement à une hauteur de 6 à 700 pieds.
   (1) *Description des îles Canaries*, p. 293
   (2) *Id.*, pp. 314 et 374.

qu'il croit formés par le transport de débris de coquilles
sous l'action du vent.

Dans la carrière de Sugar-Loaf Hill, dont j'ai parlé
plus haut, les bancs supérieurs de calcaire sont plus
tendres, moins purs, et ont le grain plus fin que les bancs
inférieurs. Les coquilles terrestres y abondent et quelques-unes sont intactes ; ces bancs renferment aussi des
ossements d'oiseaux et de grands œufs (1) qui proviennent,
selon toute probabilité, d'oiseaux aquatiques. Il est vraisemblable que ces couches supérieures sont restées longtemps à l'état meuble, et que c'est durant cette période
que les produits terrestres y ont été renfermés. M. G.-R.
Sowerby a bien voulu examiner trois espèces de coquilles
terrestres, provenant de ces bancs, que je lui ai remises.
La description qu'il en a faite se trouve à l'Appendice.
L'une de ces coquilles est une Succinée, identique à une
espèce actuellement vivante et qui abonde dans l'île ; les
deux autres, notamment *Cochlogena fossilis* et *Helix
biplicata*, ne sont pas connues comme organismes actuels ; la dernière de ces espèces a été trouvée aussi
dans une autre localité fort différente, où elle est associée à une espèce incontestablement éteinte du genre
Cochlogena.

Lits de coquilles terrestres éteintes. — En diverses
parties de l'île, on trouve, enfouies dans la terre, des
coquilles terrestres qui paraissent appartenir toutes à des
espèces éteintes. La plupart d'entre elles ont été trouvées
sur Flagstaff-Hill, à une altitude considérable. Sur le
versant nord-ouest de cette colline, un ravin creusé par
la pluie a mis à découvert une coupe d'environ 20 pieds
de puissance, dont la partie supérieure consiste en terre

(1) Dans un catalogue présenté avec quelques spécimens à la
Société géologique, le colonel Wilkes rapporte qu'une seule
personne a trouvé jusqu'à dix œufs. Le Dr Buckland a fait une
communication sur ces œufs (*Geological Transactions*, vol. V,
p. 474).

végétale noire, évidemment amenée des parties plus élevées de la colline par l'eau des pluies, et la partie inférieure en terre moins noire, où abondent des coquilles
jeunes et vieilles entières ou brisées. Cette terre est faiblement consolidée en certains points par une matière
calcareuse provenant probablement de la décomposition
partielle d'une certaine quantité des coquilles. M. Seale.
l'intelligent résident de Sainte-Hélène, qui a, le premier,
appelé l'attention sur ces coquilles, m'en a donné une
collection nombreuse provenant d'une autre localité, où
elles semblent avoir été enfouies dans une terre fort
noire. M. G.-R. Sowerby a étudié ces coquilles et les a
décrites dans l'Appendice. Il y en a sept espèces, notamment une Cochlogena, deux espèces du genre Cochlicopa,
et quatre du genre Helix ; aucune de ces espèces n'est
connue comme vivante et n'a été trouvée ailleurs que là.
De petites espèces ont été retirées de l'intérieur des
grandes coquilles de *Cochlogena auris-vulpina*. Cette
dernière espèce est fort singulière à divers égards.
Lamarck lui-même l'a classée dans un genre marin, elle
a été prise ainsi erronément pour une coquille marine, et
les espèces plus petites qui l'accompagnent ayant passé
inaperçues, on a mesuré l'altitude des endroits exactement déterminés où elle a été trouvée, et on a conclu
ainsi au soulèvement de l'île ! Il est bien remarquable
que toutes les coquilles de cette espèce que j'ai trouvées
en un même endroit forment, d'après M. Sowerby, une
variété distincte de celle à laquelle appartiennent les
coquilles provenant d'une autre localité et recueillies par
M. Seale. Comme cette Cochlogena est une coquille
grande et bien visible, j'ai soigneusement interrogé plusieurs habitants fort intelligents, sur le point de savoir
s'ils avaient jamais vu cet animal à l'état vivant ; ils
m'ont tous affirmé que non, et même ils ne voulaient pas
croire que ce fût un organisme terrestre ; en outre,
M. Seale, qui a collectionné des coquilles à Sainte-Hélène
pendant toute sa vie, ne l'a jamais rencontrée à l'état vivant.

Peut-être découvrira-t-on que quelques-unes des espèces les plus petites sont encore vivantes ; mais, d'un autre côté, les deux mollusques terrestres vivant actuellement en abondance dans l'île n'ont jamais été trouvés, que je sache, associés dans les roches avec les espèces éteintes. J'ai montré dans mon journal (1) que l'extinction de ces mollusques terrestres pourrait n'être pas fort ancienne, car un grand changement s'est produit dans l'île il y a environ cent vingt ans ; à cette époque, les vieux arbres moururent, et ils ne furent pas remplacés parce que les jeunes arbres étaient détruits au fur et à mesure de leur naissance par les chèvres et les porcs, qui vivaient dans l'île en grand nombre et à l'état de liberté depuis 1502. M. Seale affirme que sur Flagstaff-Hill, où les coquilles enfouies sont surtout abondantes, comme nous l'avons vu, on peut observer partout des traces qui démontrent clairement que cette colline a été couverte autrefois d'une épaisse forêt ; aujourd'hui, il n'y croît pas même un buisson. La couche épaisse de terre végétale noire, qui recouvre le banc coquillier sur les flancs de cette colline, a été probablement amenée du sommet par les eaux dès que les arbres périrent et que l'abri qu'ils offraient disparut.

Soulèvement de l'île. — Après avoir constaté que les laves de la série inférieure, dont l'origine est sous-marine, ont été élevées au-dessus du niveau de la mer et atteignent en certains endroits une altitude de plusieurs centaines de pieds, je me suis efforcé de retrouver des signes superficiels du soulèvement de l'île. Le fond d'un certain nombre des gorges qui descendent vers la côte est comblé, sur une hauteur de 100 pieds environ, par des couches mal définies de sable, d'argile limoneuse et de masses fragmentaires. M. Seale a trouvé dans ces couches les os de l'Oiseau du Tropique et de l'Albatros ;

____

(1) *Journal of Researches*, p. 582.

aujourd'hui le premier de ces oiseaux visite rarement l'île,
et le second n'y vient jamais. La différence qui existe
entre ces couches et les amas inclinés de débris qui les
recouvrent me fait supposer qu'elles ont été déposées
dans les gorges lorsque celles-ci se trouvaient au-dessous du niveau de la mer. En outre, M. Seale a montré
que quelques-unes des gorges en forme de fissure (1) s'élargissent légèrement du sommet vers la base en offrant
une section concave, et cette forme spéciale est due probablement à l'action érosive que la mer exerçait lorsqu'elle pénétrait dans la partie inférieure des gorges. A
des altitudes plus considérables on n'a pas de preuves
aussi évidentes du soulèvement de cette île ; néanmoins,
dans une dépression en forme de baie que présente le
plateau s'étendant derrière Prosperous Bay, à l'altitude
d'environ 1.000 pieds, on voit des masses rocheuses à
sommet plat, dont on ne saurait concevoir la séparation
d'avec les couches voisines semblables qu'en admettant
qu'elles ont été exposées à l'érosion marine sur une
plage. Il serait certainement bien difficile d'expliquer
d'une autre manière un grand nombre de dénudations
qui ont été produites à de grandes altitudes ; ainsi, par
exemple, le sommet aplati de la colline de Barn, dont
l'altitude est de 2.000 pieds, présente, suivant M. Seale,
un véritable réseau de dikes tronqués ; sur des collines
formées, comme le Flagstaff, d'une roche tendre nous
pouvons supposer que les dikes ont été érodés et abat-
tus par les agents atmosphériques, mais nous pouvons
difficilement supposer que cela soit possible pour les
couches basaltiques résistantes du Barn.

Dénudation de la côte. — Les énormes falaises, hautes,
en certains endroits, de 1.000 à 2.000 pieds, dont cette

(1) D'après M. Seale, une gorge en forme de fissure, située
près de Stony-top, mesure 840 pieds de profondeur sur 115 pieds
de largeur seulement.

île, semblable à une prison, est entourée de toutes parts,
sauf en quelques points où d'étroites vallées descendent vers la côte, forment le trait le plus saillant du
paysage. Nous avons vu que des segments de l'enceinte basaltique, longs de 2 à 3 milles sur 1 ou 2 milles
de largeur et 1.000 à 2.000 pieds de hauteur, ont été complètement rasés. En outre, des récifs et des bancs de
rochers s'élèvent dans la mer en des endroits où elle
présente de grandes profondeurs, à 3 ou 4 milles de la
côte actuelle. D'après M. Seale, on peut les suivre jusqu'au rivage et constater ainsi qu'ils forment le prolongement de certains grands dikes bien déterminés. La
formation de ces rochers est due évidemment à l'action
des vagues de l'Océan Atlantique, et il est intéressant
de constater que les rochers situés sous le vent de l'île,
du côté qui est partiellement protégé et qui s'étend de
Sugar-Loaf Hill à South-West Point, présentent une
hauteur moindre, quoique encore considérable, correspondant à une situation mieux abritée. Quand on songe
à l'altitude relativement faible que présentent les côtes
d'un grand nombre d'îles volcaniques, exposées comme
Sainte-Hélène à l'action de la pleine mer, et dont l'origine semble remonter à une haute antiquité, l'esprit
recule à l'idée d'évaluer le nombre de siècles nécessaires
pour réduire en limon et disperser l'énorme volume de
roches dures qui a été arraché au littoral de cette île.
L'état de la surface de Sainte-Hélène offre un contraste
frappant avec celle de l'île la plus voisine, l'Ascension.
A l'Ascension les coulées de lave présentent une surface
brillante, comme si elles venaient d'être éjaculées ; leurs
limites sont bien définies, et souvent on peut les suivre
jusqu'aux cratères encore intacts qui les ont émises.
Pendant mes nombreuses et longues promenades je n'ai
pas observé un seul dike ; et sur la circonférence presque
entière de l'île la côte est basse et a été rongée au point
de ne plus former qu'un petit mur dont la hauteur varie
de 10 à 40 pieds (il ne faut pourtant pas attacher à ce

fait une importance trop considérable, car l'île a pu s'affaisser). Cependant depuis trois cent quarante ans que l'île de l'Ascension est connue, on n'y a pas signalé le moindre symptôme d'action volcanique (1). D'autre part, à Sainte-Hélène on ne saurait suivre le cours d'aucune coulée de lave, en se guidant soit par l'état de ses limites, soit par celui de la surface ; il n'y reste que l'épave d'un grand cratère. Des dikes ruinés sillonnent non seulement les vallées, mais même la surface de quelques-unes des collines les plus élevées ; et, en plusieurs endroits, les sommets dénudés de grands cônes de roche injectée sont exposés et découverts. Enfin, nous avons vu que le pourtour entier de l'île a été profondément érodé, de manière à former de gigantesques falaises.

Cratères de soulèvement. — Les îles de Sainte-Hélène, de San Thiago et Maurice offrent une grande ressemblance au point de vue de leur structure et de leur histoire géologique. Ces trois îles sont enfermées (tout au moins celles de leurs parties qu'il m'a été possible de visiter) dans un cercle de montagnes basaltiques fortement entamé aujourd'hui, mais qui a été évidemment continu autrefois. Le versant de ces montagnes, dirigé vers l'intérieur de l'île, est escarpé, ou paraît pour le moins l'avoir été autrefois, et les couches dont elles sont constituées plongent vers la mer. Je n'ai pu déterminer l'inclinaison des bancs que dans un petit

(1) Le *Nautical Magazine* de 1835, p. 642, celui de 1838, p. 361, et les *Comptes rendus* d'avril 1838, font connaître une série des phénomènes volcaniques : tremblements de terre, eaux troublées, scories flottantes et colonnes de fumée, qui ont été observés à divers intervalles depuis le milieu du siècle dernier, dans la région océanique comprise entre 20 et 22° de longitude ouest, à un demi-degré environ au sud de l'Équateur. Ces faits semblent prouver qu'une île ou qu'un archipel est en voie de formation au milieu de l'Atlantique ; le prolongement de la ligne joignant Sainte-Hélène à l'Ascension coupe ce foyer volcanique lentement en voie de formation.

nombre de cas seulement, et cette opération n'était pas facile, car la stratification paraissait généralement mal définie, si ce n'est quand on l'observait de loin. Cependant, je suis à peu près certain que, conformément aux recherches de M. Élie de Beaumont, leur inclinaison moyenne est supérieure à celle qu'ils auraient pu prendre en coulant sur une pente, étant données leur épaisseur et leur compacité. A Sainte-Hélène et à San Thiago les couches basaltiques reposent sur des bancs plus anciens, d'une composition différente, et qui sont probablement sous-marins. Dans les trois îles, des déluges de laves plus récentes se sont écoulés du centre de l'île vers les montagnes basaltiques et entre ces dernières; et à Sainte-Hélène la plate-forme centrale a été comblée par ces laves. Chacune des trois îles a été soulevée en masse. A l'île Maurice la mer doit avoir baigné le pied des montagnes basaltiques, à une période géologique éloignée, ainsi qu'elle le fait actuellement à Sainte-Hélène; à San Thiago la mer attaque aujourd'hui la plaine qui s'étend entre ces montagnes. Dans les trois îles, mais spécialement à San Thiago et à Maurice, l'observateur, placé au sommet d'une des anciennes montagnes basaltiques, cherche en vain à découvrir au centre de l'île (point vers lequel convergent approximativement les strates placées sous ses pieds et sous les montagnes situées à sa droite et à sa gauche), une source d'où ces coulées auraient pu être émises; mais il n'aperçoit qu'un vaste plateau concave s'étendant au-dessous de lui, ou des monceaux de matières d'origine plus récente.

Je pense que ces montagnes basaltiques doivent être classées avec les cratères de soulèvement; il importe peu que les enceintes aient été ou non complètes autrefois, car les segments qui en subsistent aujourd'hui ont une structure si uniforme que, s'ils ne constituent pas des fragments de véritables cratères, on ne peut pas les classer parmi les lignes de soulèvement ordinaires. En considérant leur origine, et après avoir lu les ouvrages

de M. Lyell (1) et de MM. C. Prevost et Virlet, je ne
puis croire que les grandes dépressions centrales aient
été formées par un soulèvement en forme de dôme, provoquant le cintrage des couches. D'un autre côté il
m'est bien difficile d'admettre que ces montagnes basaltiques ne soient que de simples fragments du pied de
grands volcans dont le sommet aurait été enlevé par
explosion, ou plus vraisemblablement englouti par affaissement. Ces enceintes ont parfois des dimensions tellement colossales, comme à San Thiago et à Maurice, et
on les rencontre si souvent, que je puis difficilement
me résoudre à adopter cette explication. En outre, la
simultanéité fréquente des faits que je vais énumérer
me porte à croire qu'ils ont, en quelque sorte, un rapport commun que n'implique ni l'une ni l'autre des
théories rappelées plus haut : en premier lieu, l'état
ruiné de l'enceinte qui démontre que les parties actuellement isolées ont été soumises à une dénudation puissante, et tend peut-être, en certains cas, à démontrer
que l'enceinte n'a probablement jamais été fermée ; en
second lieu, la grande quantité de matière éjaculée par
la partie centrale de l'île après la formation de l'enceinte ou pendant la durée de cette formation : et en
troisième lieu, le soulèvement de l'île en masse. Quant
au fait que l'inclinaison des couches est supérieure à
celle que devraient offrir naturellement les fragments
de la base de volcans ordinaires, j'admets volontiers
que cette inclinaison a pu augmenter lentement par le soulèvement dont les nombreuses fissures comblées ou dikes
donnent à la fois la preuve et la mesure, d'après M. Élie
de Beaumont ; théorie aussi neuve qu'importante que
nous devons aux recherches de ce géologue à l'Etna.

Convaincu, comme je l'étais alors, par les phénomènes observés en 1835 dans l'Amérique du Sud (2),

(1) *Principles of Geology* (5e édit.), vol. II, p. 171.
(2) J'ai donné en mars 1838 une relation détaillée de ces phé-

que les forces qui produisent l'éjaculation des matières
par les orifices volcaniques sont identiques à celles qui
soulèvent l'ensemble des continents, une hypothèse,
embrassant les faits que je viens de citer, se présenta
à mon esprit quand j'étudiai la partie de la côte de San
Thiago où la couche calcaire soulevée horizontalement
plonge dans la mer, immédiatement sous un cône de
lave d'éruption postérieure. Cette hypothèse consiste à
admettre que, pendant le soulèvement lent d'une contrée
ou d'une île volcanique, au centre de laquelle un ou plusieurs orifices restent ouverts, neutralisant ainsi les
forces souterraines, la périphérie est soulevée plus fortement que la partie centrale ; et que les parties ainsi
surélevées ne s'abaissent pas en pente douce vers la région centrale moins élevée [comme le fait la couche calcaire sous le cône à San Thiago, et comme une grande
partie de la circonférence de l'Islande (1)] ; mais qu'elles

nomènes, dans une communication à la Société géologique.
Pendant qu'une surface immense était agitée et qu'une grande
contrée se soulevait, les districts immédiatement contigus à
plusieurs des grands orifices des Cordillères demeuraient tranquilles, les forces souterraines étant probablement neutralisées
par les éruptions, qui recommencèrent alors avec une grande
violence. Un événement d'une nature à peu près identique, mais
se produisant sur une échelle infiniment moins grande, paraît
avoir eu lieu, suivant Abich (*Views of Vesuvius*, pl. I et IX), à l'intérieur du grand cratère du Vésuve, où une plate-forme située
sur un côté d'une fissure a été soulevée tout entière à la hauteur
de 20 pieds, tandis qu'une traînée de petits volcans venaient
faire éruption sur l'autre bord de cette fissure.

(1) Suivant des informations qui m'ont été communiquées de
la manière la plus obligeante par M. E. Robert, les segments
de la circonférence de l'Islande, qui sont formés d'anciennes
couches basaltiques alternant avec du tuf, plongent vers l'intérieur de l'île, en imitant ainsi une coupe gigantesque. M. Robert
a observé que cette disposition se présente le long de la côte
sur une distance de plusieurs centaines de milles, sauf quelques rares interruptions tout à fait locales. Cette observation
est confirmée, au moins en ce qui concerne une partie de la
circonférence, par Mackenzie, dans ses *Travels* (p. 377), et pour

en sont séparées par des failles courbes. D'après ce que
nous constatons le long des failles ordinaires, nous
pouvons nous attendre à ce que, sur la partie soulevée,
les couches, déjà inclinées vers l'extérieur par le fait de
leur formation primordiale en coulées de lave, seront
relevées à partir du plan de la faille et prendront ainsi
une inclinaison plus forte. Suivant cette hypothèse, que
je suis tenté de n'appliquer qu'à quelques cas peu nombreux, il n'est pas probable que l'enceinte ait jamais été
complète, et par suite de la lenteur du soulèvement, les
parties soulevées auraient été généralement exposées à
une dénudation puissante qui aurait provoqué la rupture
de l'enceinte. Nous pouvons nous attendre aussi à cons-

une autre localité par des notes manuscrites qui m'ont été com-
plaisamment prêtées par le Dr Holland. La côte est fortement
découpée par des anses, au fond desquelles le pays est généralement bas. M. Robert m'a communiqué que les couches qui
plongent vers l'intérieur de l'île semblent s'étendre jusqu'à cette
ligne, et que leur inclinaison correspond ordinairement à celle
de la surface du sol, depuis les hautes montagnes côtières
jusqu'à la contrée basse qui s'étend à l'extrémité des anses.
Dans la coupe décrite par sir G. Mackenzie l'inclinaison est de
12°. L'intérieur de l'île, pour autant qu'on le connaisse, consiste principalement en produits d'éruption récents. Peut-être
l'étendue considérable de l'Islande, qui est presque égale à celle
de l'Angleterre, devrait-elle la faire exclure de la classe d'îles
que nous avons étudiées, mais je ne puis m'empêcher de croire
que, si les montagnes côtières, au lieu de s'incliner doucement
vers la région centrale plus basse, en avaient été séparées par
des failles irrégulièrement recourbées, les couches auraient
été renversées de manière à plonger vers la mer, et qu'il se serait
formé un « cratère de soulèvement » comme celui de San Thiago
ou de l'île Maurice, mais de dimensions beaucoup plus vastes.
Je me bornerai à faire observer en outre que l'existence fréquente de lacs très étendus au pied des grands volcans, et que
l'association souvent constatée de nappes volcaniques et de dépôts d'eau douce paraissent démontrer que les régions voisines
des volcans sont prédisposées à s'abaisser au-dessous du niveau
général de la contrée environnante, soit qu'elles aient subi un
soulèvement moins considérable, soit qu'elles se soient affaissées.

later des différences accidentelles d'inclinaison entre les masses soulevées, comme cela se produit à San Thiago. Cette hypothèse rattache également le soulèvement de l'ensemble de la région à l'écoulement de grands flots de lave provenant des plates-formes du centre. Dans cette théorie les montagnes basaltiques marginales des trois îles que nous avons citées plus haut peuvent encore être considérées comme formant des « cratères de soulèvement » ; le genre de soulèvement que l'on suppose a été lent, et la dépression ou plate-forme centrale a été formée, non par le cintrage de la surface, mais simplement par suite d'un soulèvement moins considérable de cette partie de l'île.

CHAPITRE V

ARCHIPEL DES GALAPAGOS

Ile Chatham. — Cratères formés d'une espèce particulière de tuf. — Petits cratères basaltiques avec cavités à leur base. — Ile Albemarle, laves liquides, leur composition. — Cratères de tuf, inclinaison de leurs couches divergentes externes, et structure de leurs couches convergentes internes. — Ile James, segment d'un petit cratère basaltique; fluidité et composition de ses coulées de lave et des fragments qu'il rejette. — Remarques finales sur les cratères de tuf et sur l'état délabré de leurs flancs méridionaux. — Composition minéralogique des roches de l'archipel. — Soulèvement de la contrée. — Direction des fissures d'éruption.

Cet archipel est situé sous l'Équateur, à la distance de 5oo à 6oo milles de la côte occidentale de l'Amérique du Sud. Il consiste en cinq îles principales et en plusieurs petites îles ; leur ensemble est égal en surface (1), mais non en étendue de pays, à la Sicile jointe aux îles Ioniennes. Elles sont toutes volcaniques ; on a vu des cratères en éruption sur deux d'entre elles, et dans plusieurs des autres îles il y a des coulées de lave qui paraissent récentes. Les îles les plus grandes sont formées principalement de roches compactes et elles s'élèvent à une

(1) Je ne comprends pas dans cette évaluation les petites îles volcaniques de Culpepper et de Wenman, situées à 70 milles au nord du groupe. On voit des cratères dans toutes les îles de l'archipel, sauf dans l'île Towers, qui est l'une des plus basses ; cette île est formée, cependant, de roches volcaniques.

altitude variant de 1.000 à 4.000 pieds, en présentant un profil peu accidenté. Parfois, elles sont surmontées d'un orifice principal, mais ce fait n'est pas général. La dimension des cratères varie, de simples orifices à d'immenses chaudières dont la circonférence mesure plusieurs milles; ces cratères sont extraordinairement

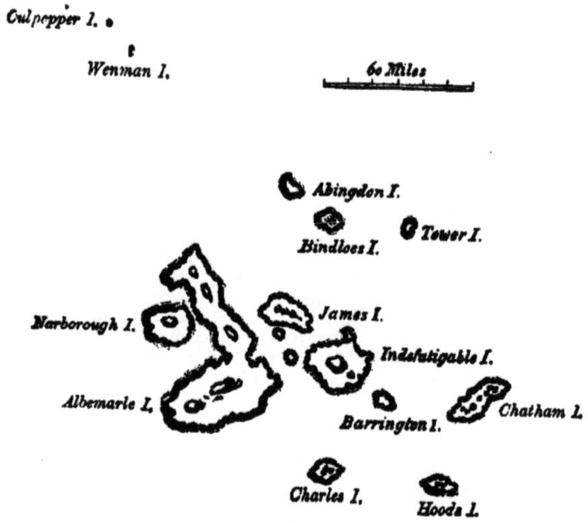

Fig. 11. — Carte de l'archipel des Galapagos.

nombreux, à tel point que, si on les comptait, on en trouverait, je crois, plus de deux mille; ils sont formés soit de scories et de laves, soit d'un tuf coloré en brun, et ces derniers cratères sont remarquables à divers égards. Le groupe entier a été levé par les officiers du Beagle. J'ai visité moi-même quatre des principales îles et j'ai reçu des échantillons provenant de toutes les autres. Je ne décrirai sous la mention des différentes îles que celle qui me paraît digne d'attention.

ILE CHATHAM. — *Cratères formés de tuf d'une espèce*

particulière. — Vers l'extrémité orientale de l'île on
rencontre deux cratères formés de deux espèces différentes
de tuf ; l'une d'elles est friable comme des cendres faiblement consolidées ; l'autre est compacte, et d'une nature
différente de tout ce dont j'ai jamais lu la description.
Aux endroits où cette dernière substance est le mieux
caractérisée, elle est de couleur brun-jaunâtre, translucide, et elle offre un éclat plus ou moins résineux ; elle
est cassante, à cassure anguleuse, rude et très irrégulière ;
parfois pourtant légèrement grenue, et même vaguement
cristalline ; elle est facilement rayée par un couteau ;
certains points cependant sont assez durs pour rayer le
verre ; elle se fond avec facilité en un verre de couleur
vert-noirâtre. La masse renferme de nombreux cristaux
brisés d'olivine et d'augite, et de petites particules de
scories noires et brunes ; elle est souvent traversée par
des veines minces d'une matière calcareuse. Elle affecte
généralement une structure noduleuse ou concrétionnée.
Un échantillon isolé de cette substance serait pris certainement pour une variété spéciale de résinite à teinte
pâle ; mais, quand on l'observe en masses, sa stratification
et les nombreuses couches de fragments de basalte anguleux et arrondis démontrent à l'évidence, au premier
coup d'œil, qu'elle a été formée sous les eaux. L'examen
d'une série de spécimens montre que cette substance résiniforme est le produit d'une transformation chimique
subie par de petites particules de roches scoriacées à
teintes pâles et foncées ; et cette transformation peut
être suivie distinctement, dans ses différentes phases,
autour des bords d'une seule et même particule. D'après
la situation voisine de la côte, de presque tous les cratères composés de cette espèce de tuf ou de pépérine, et
d'après leur état délabré, il est probable qu'ils ont tous
été formés sous la mer. En envisageant cette circonstance
et le fait remarquable de l'absence de grands lits de
cendres dans tout l'archipel, je considère comme fort
probable que le tuf a été formé presque en totalité par

la trituration des laves basaltiques grises dans les cratères immergés. On peut se demander si l'eau fortement
échauffée contenue dans l'intérieur de ces cratères a
produit cette singulière altération des particules scoriacées et leur a donné leur cassure translucide et résineuse; ou si la chaux qui s'y trouve associée a joué un
rôle dans cette transformation. Je pose ces questions
parce que j'ai observé à San Thiago, dans l'archipel du
Cap Vert, que, lorsqu'un grand torrent de lave s'est écoulé
vers la mer en passant sur des roches calcaires, sa surface externe, qui ressemble ailleurs à de la résinite, est
transformée en une substance résiniforme exactement
semblable aux spécimens les plus caractéristiques du
tuf de l'archipel des Galapagos, probablement par suite
de son contact avec le carbonate de chaux (1).

Pour en revenir aux deux cratères, l'un d'entre eux se
trouve à une lieue de la côte, et la plaine qui l'en sépare est constituée par un tuf calcaire d'origine probablement sous-marine. Ce cratère consiste en un cercle
de collines, dont quelques-unes sont entièrement séparées des autres, mais dont toutes les couches plongent
très régulièrement vers l'extérieur, sous un angle de
3o à 4o°. Les bancs inférieurs sont formés, sur une
épaisseur de plusieurs centaines de pieds, par la
roche à aspect résineux décrite plus haut, avec fragments de lave empâtés. Les bancs supérieurs, qui ont
3o à 4o pieds d'épaisseur, sont composés d'un tuf ou
peperino (2) à grain fin, rude au toucher, friable, co-

____

(1) Les concrétions contenant de la chaux, que j'ai décrites à
l'Ascension comme formées dans un lit de cendres, offrent un
certain degré de ressemblance avec cette substance, mais leur
cassure n'est pas résineuse. J'ai trouvé également à Sainte-Hélène des veines d'une substance plus ou moins semblable; elle
était compacte mais non résineuse, et se présentait dans un lit
de cendres ponceuses qui ne contenait probablement pas de
matière calcaire : l'action de la chaleur n'avait pu intervenir
dans aucun de ces deux cas.

(2) Les géologues qui restreignent le terme de « tuf » aux

loré en brun et disposé en couches minces. Une masse
centrale sans stratification, qui doit avoir occupé autrefois la cavité du cratère, mais qui n'est reliée aujour-
d'hui qu'à un petit nombre des collines de la circonférence, consiste en tuf de caractère intermédiaire entre
les tufs à cassure résiniforme et à cassure terreuse. Cette
masse renferme une matière calcaire blanche répandue en
petites plages. Le second cratère (haut de 520 pieds) doit
avoir formé un îlot séparé jusqu'au moment de l'éjaculation d'une grande coulée de lave récente ; dans une
belle coupe, due à l'action de la mer, on voit une grande
masse de basalte en forme d'entonnoir, entourée de tous
côtés de parois abruptes formées par des tufs qui présentent quelquefois une cassure terreuse ou semi-résineuse. Le tuf est traversé par plusieurs larges dikes
verticaux à parois unies et parallèles que j'ai considérés
comme étant du basalte, jusqu'à ce que j'en eusse détaché des fragments. Ces dikes sont formés de tuf semblable à celui des couches environnantes, mais plus compacte et à cassure plus unie ; nous devons en conclure
qu'il s'est formé des fissures, et qu'elles se sont remplies
de vase ou de tuf plus fins provenant du cratère, avant
que sa cavité interne fût occupée, comme aujourd'hui,
par un lac solidifié de basalte. D'autres fissures se sont
formées plus tard parallèlement à ces singuliers dikes,
et elles sont simplement comblées par des débris incohérents. La transformation des particules scoriacées
normales en cette substance à cassure semi-résineuse
pouvait se suivre avec une grande netteté dans certaines
parties du tuf compact qui constitue ces dikes.

A quelques milles de ces deux cratères s'élève le rocher ou îlot de Kicker, remarquable par sa forme singulière. Il n'est pas stratifié et il est composé de tuf compact possédant en certains points la cassure résineuse.

cendres blanches provenant de la trituration de laves feldspathiques, donneraient le nom de « peperino » à ces couches colorées en brun.

Cette masse amorphe, ainsi que la masse semblable dont nous avons parlé à propos du cratère décrit plus haut, remplissait probablement autrefois la cavité centrale d'un cratère et ses flancs ou ses parois inclinées ont sans doute

Fig. 12. — Kicker Rock. — Hauteur : 400 pieds.

été complètement enlevés plus tard par la mer qui l'entoure et à l'action de laquelle il se trouve exposé aujourd'hui.

Petits cratères basaltiques. — A l'extrémité orientale de l'île Chatham s'étend une zone ondulée dépourvue de végétation et remarquable par le nombre, par l'accumulation sur une surface restreinte et par la forme de petits cratères basaltiques dont elle est en quelque sorte criblée. Ces cratères consistent en une simple accumulation conique de scories luisantes, noires et rouges, partiellement cimentées, ou plus rarement, en un cercle formé de ces mêmes scories. Leur diamètre varie de 30 à 150 yards, et ils s'élèvent d'environ 50 à 100 pieds au-dessus du niveau de la plaine environnante. Du haut d'une petite éminence je comptai soixante de ces cratères; ils étaient tous éloignés les uns des autres d'un tiers de mille au plus, et plusieurs d'entre eux étaient beaucoup plus rapprochés. Je mesurai la distance entre deux très petits cratères, et je trouvai qu'elle n'était que de 30 yards, du bord du sommet de l'un au bord du sommet de l'autre.

On constate qu'un certain nombre de ces cratères ont émis
de petites coulées de lave basaltique noire contenant de
l'olivine et beaucoup de feldspath vitreux. Les surfaces
des coulées les plus récentes sont excessivement tour-
mentées et coupées de grandes fissures; les coulées plus
anciennes sont simplement un peu moins rugueuses; ces
coulées se confondent et s'enchevêtrent d'une manière inextricable. Pourtant l'état de croissance des arbres
qui se sont établis sur les coulées indique souvent, d'une
manière très nette, l'âge relatif de celles-ci. Sans ce dernier caractère on n'aurait su distinguer les coulées les unes
des autres que dans un petit nombre de cas, et, par conséquent, cette grande plaine ondulée aurait pu être considérée erronément (ainsi que plusieurs plaines l'ont été
sans doute) comme formée par un seul grand déluge de
lave et non par une multitude de petites coulées émises
par un grand nombre de petits orifices.

En plusieurs endroits de cette région, et principalement à la base des petits cratères, s'ouvrent des puits
circulaires à parois verticales, profonds de 20 à 40 pieds.
J'ai rencontré trois de ces puits à la base d'un petit cratère.
Ils ont été probablement formés par l'écroulement de la
voûte de petites cavernes (1). On voit en d'autres points
des monticules mamelonnés, ressemblant à de grandes
bulles de lave, et dont les sommets sont fissurés par
des crevasses irrégulières très profondes, comme on le
constate quand on cherche à y pénétrer ; ces monticules
n'ont pas émis de lave. On rencontre aussi d'autres monticules mamelonnés, d'une forme très régulière, constitués par des laves stratifiées et portant à leur sommet
une cavité circulaire à parois escarpées, formée, je pense,
par une masse gazeuse qui a d'abord cintré les couches
en leur donnant la forme d'un monticule en ampoule et

___

(1) M. Elie de Beaumont a décrit (*Mémoires pour servir*, etc.,
t. VI, p. 113) plusieurs « petits cirques d'éboulement » qu'on
observe sur l'Etna et dont l'origine est connue historiquement,
au moins pour quelques-uns d'entre eux.

a déterminé ensuite l'explosion du sommet. Les monticules de ces divers genres, les puits et les nombreux
petits cratères scoriacés nous montrent tous que cette
plaine a été pour ainsi dire pénétrée comme un crible
par le passage des vapeurs échauffées. Les monticules
les plus réguliers ne peuvent s'être soulevés que lorsque
la lave était à l'état pâteux (1).

ILE ALBEMARLE. — Cette île porte cinq grands cratères
à sommet plat, qui offrent entre eux et avec le cratère de
l'île voisine de Narborough une ressemblance remarquable de forme et de hauteur. Le cratère méridional
a 4.700 pieds de hauteur, deux autres ont 3.720 pieds,
un troisième 5o pieds de plus que ce dernier, les autres
semblent avoir à peu près la même hauteur. Trois
d'entre eux sont situés sur une même ligne et sont allongés
dans une direction presque identique. On a trouvé par
des mesures trigonométriques que le cratère du nord,
qui n'est pas le plus grand de tous, n'a pas moins de
3 milles 1/8 de diamètre extérieur. Des déluges de lave
noire, débordant la crête de ces grandes et larges chaudières et s'échappant de petits orifices voisins de leur
sommet, ont coulé le long de leurs flancs dénudés.

(1) Sir G. Mackensie (*Travels in Iceland*, p. 389 à 392) a décrit
une plaine de lave s'étendant au pied de l'Hécla, et qui est
soulevée de tous côtés en grandes bulles ou grandes ampoules.
Sir George rapporte que cette lave caverneuse constitue la
couche superficielle. Le même fait est affirmé par Von Buch
(*Description des Iles Canaries*, p. 159) au sujet de la coulée basaltique qui se trouve près de Rialejo à Ténérife. Il semble singulier que les coulées supérieures soient plus caverneuses que
les autres, car on ne voit aucune raison pour que les coulées,
tant les plus élevées que les plus inférieures, n'aient pas toutes
subi une action identique, à des époques différentes. — Les
coulées inférieures se sont-elles répandues sous la mer, et ont-
elles été comprimées par sa pression au point de s'aplatir, postérieurement au passage des masses gazeuses qui les ont traversées ?

Fluidité de différentes laves. — Près de Tagus ou Banks-Cove j'ai étudié une de ces grandes coulées de lave, fort intéressante par les preuves qu'elle nous offre du haut degré de fluidité qu'elle a possédée, et qui est particulièrement remarquable quand on envisage la composition de la coulée. Sur la côte cette coulée a plusieurs milles de largeur. Elle est constituée par une base noire, compacte, facilement fusible en un globule noir, présentant des vacuoles anguleuses assez clair-semées, et criblée de grands cristaux brisés d'albite (1) vitreuse dont le diamètre varie de un à cinq dixièmes de pouce. Quoique cette lave semble, à première vue, éminemment porphyrique, elle ne peut être considérée comme telle, car il est évident que les cristaux ont été enveloppés, arrondis et pénétrés par la lave, comme des fragments de roche étrangère dans un dike de trapp. C'est ce qu'on voyait très clairement dans certains spécimens d'une lave analogue provenant de l'île Abingdon, avec la seule différence que ses vacuoles étaient sphériques et plus nombreuses. L'albite de ces laves se trouve dans les mêmes conditions que la leucite du Vésuve, et que l'olivine décrite par Von Buch (2), et

(1) Dans les Cordillères du Chili j'ai vu des laves ressemblant beaucoup à cette variété de l'archipel des Galapagos. Elle renfermait pourtant, outre l'albite, des cristaux d'augite nettement formés, et la pâte offrait une couleur un peu plus pâle, due peut-être à l'agrégation des particules augitiques. Je dois faire remarquer ici que, dans tous les cas dont il s'agit, je désigne sous le nom d'albite les cristaux de feldspath dont les clivages, mesurés au goniomètre à réflexion, répondent à ceux de ce minéral. Cependant, comme on a découvert dans ces derniers temps que d'autres espèces de la même famille présentent des clivages très voisins de ceux de l'albite, cette détermination doit être considérée comme purement provisoire. J'ai étudié les cristaux contenus dans les laves de diverses parties de l'archipel des Galapagos, et j'ai reconnu que, sauf quelques cristaux provenant d'un seul point de l'île James, ils ne présentaient jamais les clivages de l'orthose ou feldspath potassique.

(2) *Description des Isles Canaries*, p. 295.

qui fait saillie sous forme de grands globules dans le
basalte de Lanzarote. Outre l'albite, cette lave contient
des grains épars d'un minéral vert, sans clivage distinct, et qui ressemble beaucoup à l'olivine (1); mais,
comme il se fond facilement en un verre vert, il appartient probablement à la famille de l'augite : cependant,
à l'île James une lave analogue contenait de l'olivine
type. Je me suis procuré des échantillons provenant d⸳
la surface, et d'autres prélevés à 4 pieds de profondeur,
mais ils n'offraient entre eux aucune différence. On
pouvait constater avec évidence le haut degré de fluidité de cette lave par sa surface unie et doucement inclinée, par la subdivision du courant principal en petits
ruisseaux, que de faibles inégalités du sol avaient suffi à
produire, et surtout par la manière dont ses extrémités
s'atténuaient et se réduisaient presque à rien en des points
fort éloignés de sa source et où elle devait avoir subi un
certain degré de refroidissement. Le bord actuel de la
coulée consiste en fragments incohérents, dont la dimension dépasse rarement celle d'une tête d'homme. Le contraste est fort remarquable entre ce bord et les murs
escarpés, hauts de plus de 20 pieds, qui limitent un grand
nombre des coulées basaltiques de l'Ascension. On a cru
généralement que les laves où abondent de grands cristaux et qui renferment des vacuoles anguleuses (2) ont
présenté peu de fluidité, mais nous voyons qu'il en a été
tout autrement à l'île Albemarle. Le degré de fluidité
des laves ne semble pas correspondre à une différence

(1) De Humboldt rapporte qu'il prit pour de l'olivine un minéral augitique vert, que l'on trouve dans les roches volcaniques de la Cordillère de Quito.

(2) La forme irrégulière et anguleuse des vacuoles est probablement due à la manière irrégulière dont cède à la pression
des gaz une masse formée de cristaux solides et de pâte visqueuse en proportions à peu près égales. Comme on pouvait
s'y attendre, il semble certain que, dans la lave qui a possédé
une grande fluidité ou un grain uniforme, les vacuoles sont
sphériques et leurs parois intérieures lisses.

apparente dans leur composition ; à l'île Chatham certaines coulées qui contiennent beaucoup d'albite vitreuse et de l'olivine sont si rugueuses qu'on pourrait les comparer à de hautes vagues congelées, tandis que la grande coulée de l'île Albemarle est presque aussi unie qu'un lac ridé par la brise. A l'île James une lave basaltique noire où abondent de petits grains d'olivine offre un degré intermédiaire de rugosité ; sa surface est brillante, et les fragments détachés ressemblent d'une manière fort singulière à des plis de draperies, à des câbles et à des morceaux d'écorces d'arbres (1).

Cratères de tuf. — A un mille environ au sud de Banks Cove on rencontre un beau cratère elliptique, profond de 5oo pieds à peu près, et de 3 4 de mille de diamètre. Son fond est occupé par un lac d'eau salée, d'où s'élèvent quelques petites éminences cratériformes de tuf. Les couches inférieures sont un tuf compact présentant les caractères d'un dépôt formé sous l'eau. tandis que sur la circonférence entière les couches supérieures consistent en un tuf rude au toucher, friable, et dont le poids spécifique est peu élevé, mais qui contient souvent des fragments de roches disposés en couches.

(1) Un spécimen de lave basaltique renfermant quelques petits cristaux d'albite brisés, et qui m'a été donné par un des officiers, mérite peut-être une description. Il consiste en ramifications cylindriques, dont quelques-unes n'ont que 1,20e de pouce de diamètre et sont étirées en pointes très aiguës. La masse n'a pas été formée comme une stalactite, car les pointes sont dirigées tantôt vers le haut, tantôt vers le bas. Des globules dont le diamètre n'est que de 1/40e de pouce sont tombés de quelques-unes des pointes et adhèrent aux ramifications voisines. La lave est vésiculaire, mais les vacuoles n'atteignent jamais la surface des branches, qui sont unies et luisantes. Comme on croit généralement que les vacuoles sont toujours allongées suivant la direction du mouvement de la masse fluide, je dois faire observer que toutes les vacuoles sont sphériques dans ces branches cylindriques dont le diamètre varie de 1/4 à 1/20e de pouce.

Ce tuf supérieur renferme de nombreuses sphères pisolitiques ayant à peu près la grandeur de petites balles, et
qui ne diffèrent de la matière environnante que par une
dureté un peu plus grande et un grain un peu plus fin.
Les couches plongent très régulièrement dans toutes les
directions, sous des angles variant de 25 à 30° d'après
mes mesures. La surface externe du cratère offre
une pente presque identique; elle est formée de côtes
légèrement convexes, comme celle de la coquille d'un
pecten ou d'un pétoncle, qui vont en s'élargissant de
l'orifice du cratère jusqu'à sa base. Ces côtes ont, en
général, de 8 à 20 pieds de large, mais parfois leur largeur
atteint 40 pieds; elles ressemblent à d'anciennes voûtes
fortement surbaissées, et dont le revêtement de plâtre
s'écaille et tombe par plaques; elles sont séparées les
unes des autres par des ravins que l'action érosive de
l'eau a creusés. A leur extrémité supérieure, qui est fort
étroite, près de la bouche du cratère ces côtes consistent
souvent en véritables couloirs creux, un peu plus petits
mais semblables à ceux qui se forment souvent par le
refroidissement de la croûte d'un torrent de lave dont
les parties internes se sont écoulées au dehors; structure
dont j'ai rencontré plusieurs exemples à l'île Chatham.
Il n'est pas douteux que ces côtes creuses ou ces voûtes
se soient formées d'une manière analogue, c'est-à-dire
par la consolidation, le durcissement d'une croûte superficielle sur des torrents de boue qui se sont écoulés de la
partie supérieure du cratère. J'ai vu dans une autre
partie du même cratère des rigoles concaves ouvertes,
larges de 1 à 2 pieds, qui paraissent formées par le durcissement de la face inférieure d'un torrent de boue, au lieu
de la surface supérieure comme dans le premier cas.
D'après ces faits, je pense que le tuf a certainement coulé
à l'état de boue (1). Cette boue peut avoir été formée soit
dans l'intérieur du cratère, soit par des cendres déposées

(1) Cette conclusion offre un certain intérêt parce que M. Dufrénoy (*Mémoires pour servir*, etc., t. IV, p. 274) a soutenu que le

sur la partie supérieure de ses flancs et entraînées en-suite par des torrents de pluie. Ce dernier mode de for-mation paraît le plus vraisemblable pour la plupart des cas; cependant à l'île James certaines couches du tuf de la variété friable s'étendent si uniformément sur une sur-face inégale, qu'il semble probable qu'elles ont été for-mées par la chûte d'abondantes pluies de cendres.

Dans l'intérieur du même cratère, des strates de tuf grossier, formées principalement de fragments de lave, viennent butter contre les parois internes, comme un talus qui s'est consolidé. Elles s'élèvent à la hauteur de 100 à 150 pieds au-dessus de la surface du lac salé intérieur; elles plongent vers le centre du cratère et sont inclinées sous des angles variant de 30 à 36°. Elles pa-raissent avoir été formées sous les eaux, probablement à l'époque où la mer occupait la cavité du cratère. J'ai constaté avec surprise que l'épaisseur de couches qui offrent une inclinaison aussi forte n'augmentait pas vers leur extrémité inférieure, au moins sur toute la partie de leur longueur que j'ai pu suivre.

Bank's Cove. — Ce port occupe en partie l'intérieur d'un cratère de tuf ruiné, plus grand que celui que je viens de décrire. Tout le tuf de ce cratère est compact et ren-ferme de nombreux fragments de lave; il offre l'aspect d'un dépôt qui s'est fait sous les eaux. Le trait le plus

Monte Nuovo et d'autres cratères de l'Italie méridionale ont été formés par soulèvement, en s'appuyant sur le fait que des couches de tuf, d'une composition probablement semblable à celle du tuf décrit plus haut, y sont inclinées sous des angles de 18 à 20°. En présence des faits que nous avons cités relative-ment à la disposition en voûte des côtes séparées, et à ce que les tufs ne s'étendent pas en nappes horizontales autour de ces collines cratériformes, personne ne supposera que les couches ont été formées ici par soulèvement; nous voyons cependant que leur inclinaison dépasse 20°, et atteint même souvent 30°. Les strates consolidées du talus interne plongent également d'un angle supérieur à 30°, comme nous allons le montrer à l'instant.

remarquable de ce cratère, c'est la grande extension des strates qui convergent vers l'intérieur sous une inclinaison très prononcée, comme dans le cas précédent, et qui sont souvent disposées en couches irrégulières courbes. Ces couches intérieures convergentes, de même que les bancs divergents qui constituent, à proprement parler, le cratère, sont représentés dans le croquis (fig. 13) donnant une coupe approximative des promontoires qui forment cette anse. Les couches internes et externes diffèrent fort peu au point de vue de la composition; les premières ont été évidemment formées par l'érosion, le

Fig. 13. — Coupe des promontoires qui forment Bank's Cove, montrant les strates divergentes qui constituent le cratère, et le talus à couches convergentes. Le point culminant de ces collines est à 817 pieds au-dessus du niveau de la mer.

transport et le dépôt final des matériaux qui constituent les couches cratériformes externes. Le grand développement de ces couches intérieures pourrait faire croire à un observateur parcourant la périphéric du cratère qu'il s'agit d'une crête anticlinale circulaire formée de grès et de conglomérats stratifiés. La mer attaque actuellement les couches intérieures et extérieures, ces dernières surtout, de sorte que d'ici à quelque temps tout ce qui restera ce seront les couches intérieures, et l'interprétation de ces faits serait bien de nature à embarrasser un géologue (1).

(1) Je crois qu ce fait se présente actuellement aux îles Açores où le Dr Webster (*Description*, p. 185) a décrit une petite île en forme de bassin, constituée par des *couches de tuf* plongeant

Ile James. — Parmi les cratères de tuf existant encore dans cette île, il n'y en a que deux qui méritent une
description. L'un deux est situé à un mille et demi de
Puerto Grande, vers l'intérieur de l'île ; il est circulaire et
mesure environ un tiers de mille de diamètre, et 400 pieds
de profondeur. Il diffère de tous les autres cratères de
tuf que j'ai étudiés en ce que la partie la plus profonde
de sa cavité est formée, jusqu'à la hauteur de 100 à
150 pieds, par un mur vertical de basalte, comme si le
cratère s'était fait jour au travers d'une nappe rocheuse
compacte. La partie supérieure de ce cratère consiste en
couches du tuf altéré à cassure semi-résineuse que nous
avons étudié plus haut. Son fond est occupé par un lac
d'eau salée peu profond recouvrant des couches de sel qui
reposent sur un lit très épais de boue noire. L'autre cratère, éloigné de quelques milles, n'est remarquable que
par ses dimensions et parce qu'il est fort bien conservé.
Son sommet est à 1.200 pieds au-dessus du niveau de la
mer, et la cavité intérieure est profonde de 600 pieds.
Ses flancs externes inclinés offrent un aspect curieux dû
à l'uniformité de la surface de ces grandes couches de
tuf qui ressemblent à un vaste pavement cimenté. L'île
Brattle est, je crois, le plus grand cratère de tuf qui
existe dans l'archipel ; son diamètre intérieur est de près de
1 mille marin. Ce cratère, aujourd'hui en ruines, est disposé sur un arc de cercle qui mesure un peu plus d'une
demi-circonférence ; il est ouvert du côté du sud, ses
grandes dimensions sont probablement dues, pour une
part notable, à l'érosion de l'intérieur du cratère par
l'action de la mer.

vers l'intérieur et limitées extérieurement par des falaises
escarpées découpées par la mer. Le Dr Daubeny suppose (*On Volcanoes*, p. 266) que cette cavité a été formée par un affaissement
circulaire. Il me paraît beaucoup plus vraisemblable que nous
sommes ici en présence de couches déposées primitivement dans
la cavité d'un cratère dont les parois externes ont été enlevées
plus tard par érosion marine.

Segment d'un petit cratère basaltique. — L'anse désignée sous le nom de Fresh-water Bay, dans l'île James, est limitée d'un côté par un promontoire qui constitue la dernière épave d'un grand cratère. Un segment, en forme de quart de cercle, ayant fait partie d'un petit centre d'éruption subordonné, se trouve à découvert sur le rivage de ce promontoire. Il consiste en neuf petites coulées de lave distinctes, accumulées les unes au-dessus des autres, et en une sorte de pic colonnaire irrégulier, haut de 15 pieds environ, formé de basalte celluleux brun-rougeâtre, et contenant en abondance de grands cristaux d'albite vitreuse et de l'augite fondue. Ce pic, avec quelques mamelons rocheux adjacents répandus sur le rivage, représente l'axe du cratère. Les coulées de lave peuvent être suivies dans un petit ravin, perpendiculairement à la côte, sur une longueur de 10 à 15 yards ; elles sont cachées ensuite sous des débris. Le long du rivage on les voit sur un espace de près de 80 yards,

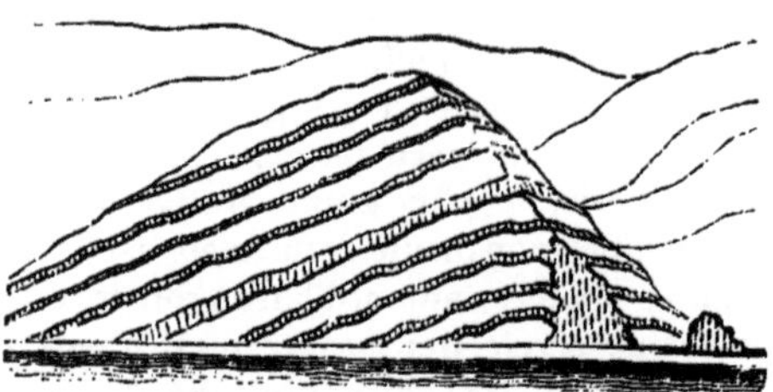

Fig. 14. — Segment d'un très petit centre d'éruption sur le rivage de Fresh-water Bay.

et je ne crois pas qu'elles s'étendent beaucoup plus loin. Les trois coulées inférieures sont soudées à ce pic, et sont légèrement recourbées au point de jonction, comme si elles se répandaient encore par-dessus la lèvre du cratère (ainsi qu'on le voit dans le croquis grossièrement dessiné (fig. n° 14) qui a été pris sur place). Les six coulées supérieures étaient, sans

aucun doute, primitivement unies à la même colonne
avant que celle-ci eût été démolie par la mer. La lave de
ces coulées a la même composition que celle de la colonne,
sauf que les cristaux d'albite ne paraissent pas être réduits en fragments aussi petits, et que les grains d'augite
fondue manquent. Chaque coulée est séparée de celle qui
la surmonte par une couche, épaisse de quelques pouces
ou tout au plus de 1 à 2 pieds, de scories en fragments
incohérents, produites sans doute par la friction des coulées passant les unes au-dessus des autres. Toutes ces
coulées sont fort remarquables par leur faible épaisseur.
J'ai mesuré soigneusement plusieurs d'entre elles et j'en
ai trouvé une de 8 pouces d'épaisseur, mais elle était recouverte sur les deux faces par une couche fortement adhé-
rente d'une roche scoriacée rouge, épaisse de 3 pouces
(comme cela se présente pour toutes les coulées); tout
l'ensemble avait une épaisseur de 14 pouces qui demeurait très uniforme sur toute la longueur de la coupe. Une
seconde coulée n'avait que 8 pouces d'épaisseur, en y
comprenant les surfaces scoriacées inférieure et supérieure. Avant d'avoir vu cette coupe, je n'aurais pas cru
possible que la lave pût se répandre en nappes aussi uniformément minces sur une surface qui est loin d'être unie.
Ces petites coulées ressemblent beaucoup par leur composition aux grands flots de lave de l'île Albemarle qui
doivent avoir présenté, eux aussi, un haut degré de fluidité.

Fragments d'apparence plutonique rejetés par ce cratère.
— Dans la lave et dans les scories de ce petit cratère j'ai
trouvé plusieurs fragments qui, par leur forme anguleuse,
leur structure grenue, leur fragilité, l'action calorifique
qu'ils ont subie, et par l'absence de vacuoles, ressemblent
beaucoup aux fragments de roches primitives que les
volcans de l'île de l'Ascension rejettent quelquefois. Ces
fragments consistent en albite vitreuse fortement usée et
à clivages très imparfaits, mélangée d'un minéral bleu

d'acier en grains semi-arrondis, à surface trouble et luisante. Les cristaux d'albite sont recouverts d'un oxyde
de fer rouge qui semble être un résidu, et leurs plans de
clivage sont parfois séparés aussi par des couches excessivement fines de cet oxyde, dessinant sur le cristal des
lignes semblables à celles d'un micromètre de verre. Il
n'y avait pas de quartz. Le minéral bleu d'acier qui
abonde dans la partie colonnaire, mais qui est absent dans
les coulées dérivant de ce pic, offre l'aspect d'un corps
qui a subi une fusion, et présente rarement quelque trace
de clivage. Pourtant j'ai pu démontrer par une mesure
prise sur un échantillon que c'était de l'augite. Dans un
autre fragment, qui se distinguait de ses congénères parce
qu'il était légèrement celluleux et passait graduellement
à la pâte de la roche, les petits grains d'augite étaient
assez bien cristallisés. Quoiqu'il y ait, en apparence, une
différence si considérable entre la lave des petites coulées, spécialement entre leur croûte scoriacée rouge, et
un de ces fragments anguleux rejetés, que l'on pourrait
prendre à première vue pour de la syénite, je crois cependant que la lave a été formée par la fusion et le mouvement d'écoulement d'une masse rocheuse dont la composition est absolument semblable à celle de ces fragments.
Outre le spécimen dont il vient d'être question et où
nous voyons un fragment devenir légèrement celluleux et
se fondre dans la masse environnante, la surface de
quelques-uns des grains d'augite bleu d'acier devient finement vacuolaire et passe à la pâte englobante ; d'autres
grains sont dans un état intermédiaire. La pâte semble
consister en augite plus parfaitement fondue, ou, ce qui
est plus probable, simplement modifiée par le mouvement de la masse, lorsque ce minéral était à l'état visqueux, et mélangée d'oxyde de fer et d'albite vitreuse
réduite en très petits fragments. C'est probablement
pour cette raison que l'augite fondue, abondante dans
le pic, disparaît dans les coulées. L'albite se trouve
exactement au même état dans la lave et dans les frag-

ments empâtés, sauf que la plupart des cristaux sont plus
petits, mais ils paraissent moins abondants dans les
fragments. Ceci pourrait cependant se produire naturellement par l'intumescence de la base augitique donnant
lieu à un accroissement apparent de son volume. Il est
intéressant de suivre ainsi les phases par lesquelles
passe une roche grenue et compacte pour se transformer
d'abord en une lave celluleuse pseudo-porphyrique et
finalement en scories rouges. La structure et la composition des fragments empâtés montrent qu'ils ont été détachés d'une roche primitive et ont subi des altérations
considérables par l'action volcanique ou, plus probablement, qu'ils ont été arrachés à la croûte d'une masse de
lave refroidie et cristallisée, ultérieurement brisée et re-
fondue, et dont la croûte a été attaquée moins fortement
que le reste de la masse par la nouvelle fusion et le nouveau mouvement qu'elle a subis.

Remarques finales sur les cratères de tuf. — Ces cratères constituent le trait le plus frappant de la géologie
de l'archipel, par la présence d'une substance résiniforme
qui intervient pour une grande part dans leur composition, par leur structure, leur dimension et leur nombre.
La plupart d'entre eux forment des îlots séparés ou des
promontoires reliés aux îles principales, et ceux qui se
trouvent actuellement à une petite distance de la côte,
dans l'intérieur des îles, sont ruinés et percés de brèches
comme s'ils avaient été exposés à l'action de la mer. Je
suis porté à conclure de cette condition générale de leur
situation et de la faible quantité de cendres rejetées dans
l'archipel, que le tuf a été formé principalement par le
broyage mutuel de fragments de lave dans l'intérieur de
cratères en activité qui communiquaient avec la mer. Par
l'origine et la composition du tuf, et par la présence fréquente d'un lac central d'eau salée et de couches de sel,
ces cratères représentent, sur une grande échelle, les
« salses » ou monticules de boue qui existent en grand

nombre dans certaines régions de l'Italie et dans d'autres contrées (1). Cependant les rapports plus intimes des cratères de cet archipel avec les phénomènes ordinaires de l'action volcanique sont mis en évidence par ces masses de basalte solidifié qui les remplissent quelquefois jusqu'au bord.

Il semble fort singulier, à première vue, que dans tous les cratères formés de tuf le versant méridional soit, ou bien entièrement démoli et complètement emporté, ou bien beaucoup moins élevé que les autres versants. J'ai visité ou pris des renseignements sur vingt-huit de ces cratères ; douze d'entre eux forment des îlots séparés (2) et se présentent aujourd'hui à l'état de simples croissants entièrement ouverts du côté du sud, avec, parfois, quelques pointes de rochers marquant leur circonférence primitive ; parmi les seize cratères restants, quelques-uns forment des promontoires, et d'autres sont situés dans l'intérieur des îles, à une faible distance du rivage ; mais pour tous le flanc méridional est plus bas que les autres ou complètement démoli. Pourtant le flanc septentrional de deux des seize cratères était également bas, tandis que les côtés de l'est et de l'ouest étaient intacts. Je n'ai rencontré ni entendu mentionner aucune exception

(1) *Traité de Géognosie* de D'Aubuisson, t. I, p. 189. Je dois faire observer que j'ai vu à Terceira, aux îles Açores, un cratère de tuf ou peperino ressemblant beaucoup à ceux de l'archipel des Galapagos. On en rencontre de semblables aux îles Sandwich, d'après la description qu'en donne le *Voyage de Freycinet*, et il est probable qu'il existe des cratères de ce genre dans plusieurs autres contrées.

(2) Ce sont : les trois îlots de Crossman dont le plus grand a 600 pieds de haut ; l'île Enchantée ; l'île Gardner (760 pieds de hauteur) ; l'île Champion (331 pieds de hauteur) ; l'île Enderby ; l'île Brattle ; deux îlots voisins de l'île Infatigable, et un îlot situé près de l'île James. Un second cratère voisin de l'île James (avec un lac salé au centre) présente du côté du sud une paroi haute de 20 pieds seulement, tandis que les autres parties de la circonférence atteignent 300 pieds de hauteur.

à la règle d'après laquelle ces cratères sont ruinés ou présentent une paroi basse sur le côté qui fait face à un point de l'horizon situé entre le sud-est et le sud-ouest. Cette règle ne s'applique pas aux cratères formés de lave et de scories. L'explication en est simple : dans cet archipel la direction des vagues soulevées par les vents alizés coïncide avec celle de la houle venant des régions éloignées de l'océan largement ouvert (contrairement à ce qui se passe dans plusieurs parties du Pacifique) et attaquent la côte méridionale de toutes les îles, avec leurs forces réunies ; il en résulte que le versant méridional est invariablement plus escarpé que le versant septentrional, même quand il est formé complètement de roches basaltiques dures. Comme les cratères de tuf sont constitués par une matière tendre, et que probablement ils ont tous ou presque tous traversé une période d'immersion, il n'est pas étonnant qu'ils montrent invariablement les effets de cette grande puissance érosive sur ceux de leurs flancs qui s'y sont trouvés exposés. Il est probable, d'après l'état ruiné d'un grand nombre d'entre eux, que plusieurs autres cratères ont été entièrement démolis par la mer. Nous n'avons aucune raison de supposer que les cratères constitués par des scories et des laves ont été formés dans la mer, et cela nous montre pourquoi la règle ne leur est pas applicable. Nous avons montré qu'à l'Ascension les orifices des cratères, qui sont tous d'origine terrestre, ont été attaqués par les vents alizés ; ce même agent peut contribuer également ici à abaisser, dès le moment de leur formation, les flancs exposés au vent dans certains de ces cratères.

Composition minéralogique des roches. — Dans les îles septentrionales, les laves basaltiques paraissent généralement contenir plus d'albite que dans la moitié méridionale de l'archipel ; mais presque toutes les coulées en renferment une quantité plus ou moins grande. L'albite est associée assez souvent à l'olivine. Je n'ai observé de cristaux déterminables d'augite ou de hornblende dans aucun échantillon, à l'exception des grains fondus contenus dans les fragments rejetés et dans le pic du petit cratère décrit plus haut. Je n'ai rencontré aucun spécimen de vrai trachyte, quoique quelques-unes des laves les plus pâles présentent une certaine ressemblance avec cette roche lorsqu'elles contiennent en abondance de grands cristaux d'albite vitreuse et rude au toucher ; mais la pâte est toujours fusible en émail noir. Ainsi que nous l'avons constaté plus haut, les lits de cendres et les scories rejetées au loin manquent presque toujours ; et je n'ai vu ni un fragment d'obsidienne ni de pierre ponce. Von Buch (1) croit que l'absence de ponce sur l'Etna provient de ce que le feldspath y appartient à la variété Labrador ; si la présence de la ponce dépend de la nature du feldspath, il est singulier qu'elle manque dans cet archipel et abonde dans les Cordillères de l'Amérique méridionale, puisque dans ces deux régions le feldspath appartient à la variété albitique. Par suite de l'absence des cendres, et de la nature généralement inaltérable des laves de cet archipel, les îles se couvrent lentement d'une maigre végétation et le paysage présente un aspect désolé et sinistre.

Soulèvement de la région. — Les preuves du soulèvement de la contrée sont rares et peu nettes. J'ai remarqué à l'île Chatham de grands blocs de lave cimentés par une matière calcaire qui contenait des coquilles récentes ; mais ils se trouvaient à la hauteur de quelques pieds seulement au-dessus de la laisse de haute mer. Un des officiers m'a donné des fragments de coquilles qu'il avait trouvées à plusieurs centaines de pieds au-dessus de la mer, empâtées dans le tuf de deux cratères fort éloignés l'un de l'autre. Il est possible que ces fragments aient été portés à l'altitude qu'ils occu-

(1) *Description des îles Canaries*, p. 328.

pent aujourd'hui, par une éruption de boue ; mais
comme sur l'un des cratères ils étaient associés à des
coquilles d'huîtres brisées constituant en quelque sorte
un banc, il est plus vraisemblable que le tuf a été soulevé en masse avec les coquilles. Les spécimens sont en
si mauvais état que tout ce qu'on peut y reconnaître, c'est
qu'ils appartiennent à des genres marins récents. Dans
l'île Charles, j'ai observé une ligne de grands blocs
arrondis, entassés au sommet d'une falaise verticale,
à 15 pieds au-dessus de la ligne où la mer s'élève
aujourd'hui pendant les tempêtes les plus violentes. Ce
fait semblait d'abord constituer une preuve évidente du
soulèvement de la région, mais il était absolument déce-
vant, car je constatai plus tard sur une partie voisine de
la même côte, et j'appris de témoins oculaires, que partout où une coulée récente de lave forme un plan incliné
uni en entrant dans la mer, les vagues, durant les tempêtes, *font rouler des blocs arrondis* jusqu'à une grande
hauteur au-dessus de la limite de leur action ordinaire.
Comme la petite falaise est formée ici par une coulée de
lave qui avant d'avoir été démolie devait plonger dans la
mer en lui présentant une surface doucement inclinée, il
est possible, ou plutôt il est probable que les blocs arrondis qui gisent maintenant à son sommet soient simplement les restes de ceux qui ont été élevés à leur
altitude actuelle en *roulant* sur le plan incliné pendant
les tempêtes.

Direction des fentes d'éruption. — Dans cet archipel,
les orifices volcaniques ne peuvent pas être considérés
comme distribués au hasard. Trois grands cratères de
l'île Albemarle forment une ligne nette qui s'étend du
N.-N.-W. au S.-S.-E. L'île Narborough et le grand cratère
situé dans la partie rectangulaire de l'île Albemarle
dessinent une seconde ligne parallèle à la première. Vers
l'est, l'île Hood détermine, avec les îles et les rochers qui
sont situés entre elle et l'île James, une autre ligne

presque parallèle, dont le prolongement passe par les
îles Culpepper et Wenman situées à 70 milles au
nord. Les autres îles, qui se trouvent plus à l'est,
forment une quatrième ligne moins régulière. Plusieurs d'entre elles et les orifices volcaniques de l'île
Albemarle sont disposés de telle sorte qu'ils se trouvent
sur une série de lignes approximativement parallèles,
coupant les premières lignes à angles droits ; il en résulte que les principaux cratères paraissent être situés
aux points où deux séries de fissures se croisent. Les îles
elles-mêmes, à l'exception de l'île Albemarle, ne sont pas
allongées dans le même sens que les lignes sur lesquelles
elles se trouvent. L'orientation de ces îles est à peu près
la même que celle qui domine d'une manière si remarquable dans les nombreux archipels de l'océan Pacifique.
Je dois faire observer, enfin, que dans les îles Galapagos
il n'y a pas de cratère qui domine les autres, c'est-à-dire
d'orifice volcanique principal beaucoup plus élevé que
tous les autres cratères, comme on le remarque dans
plusieurs archipels volcaniques ; le cratère le plus élevé
est le grand remblai situé à l'extrémité sud-ouest de l'île
Albemarle, et qui ne dépasse que de 1.000 pieds seulement
plusieurs autres cratères voisins.

CHAPITRE VI

TRACHYTE ET BASALTE. — DISTRIBUTION DES ILES VOLCANIQUES

Descente des cristaux au sein de la lave liquide. — Poids spécifique des éléments constituants du trachyte et du basalte ; leur séparation subséquente. — Obsidienne. — Mélange apparent des éléments des roches plutoniques. — Origine des dikes de trapp plutoniques. — Distribution des îles volcaniques ; leur prédominance dans les grands océans. — Elles sont généralement disposées en lignes. — Les volcans centraux de Von Buch sont problématiques. — Iles volcaniques bordant des continents. — Ancienneté des îles volcaniques et leur soulèvement en masse. — Eruptions sur des lignes de fissure parallèles durant une même période géologique.

Séparation des minéraux constituants de la lave suivant leur poids spécifique. — Un des côtés de Fresh-water Bay, à l'île James, est formé des débris d'un grand cratère, dont nous avons parlé dans le chapitre précédent, et dont l'intérieur a été comblé par une coulée de basalte présentant une puissance de 200 pieds environ. Ce basalte, de couleur grise, contient une grande quantité de cristaux d'albite vitreuse, qui deviennent beaucoup plus nombreux encore dans sa partie inférieure et scoriacée. C'est le contraire qu'on se serait attendu à voir, car, si à l'origine les cristaux avaient été répandus uniformément dans toute la masse, l'expansion plus considérable subie par cette partie scoriacée inférieure aurait dû faire paraître plus petit le nombre des cristaux qui s'y trouvent. Von Buch (1) a décrit une coulée d'obsidienne du Pic de Ténérife, dans laquelle les cristaux de feldspath deviennent de plus en plus nombreux au fur et à mesure que la profondeur ou l'épaisseur augmente, de sorte que, près de la surface inférieure de la coulée, la lave ressemble même à une roche primitive. Von Buch constate, en outre, que M. Drée a trouvé par ses expériences sur la fusion de la lave que les cristaux de feldspath tendaient toujours à descendre au fond du creuset. Je crois qu'il n'est pas douteux que dans ces exemples les cristaux descendent sollicités par leur poids (2). Le poids spécifique du feldspath varie (3) de 2,4 à 2,58, tandis que celui de l'obsidienne paraît être ordinairement 2,3 à 2,4 ; et il serait probablement moindre si la roche était à l'état liquide, ce qui faciliterait la descente des cristaux de feldspath. A l'île James, les cristaux d'albite, quoique incontestablement moins lourds que le basalte gris aux endroits où il est compact, peuvent facilement avoir un poids spécifique supérieur à celui de la masse

(1) *Description des îles Canaries*, pp. 190 et 191.

(2) On a trouvé que dans une masse de fer en fusion (*Edinburgh New Philosophical Journal*, vol. XXIV, p. 66) les substances dont l'affinité pour l'oxygène est plus grande que celle du fer pour ce même gaz s'élèvent de l'intérieur de la masse vers la surface. Mais il est difficile d'attribuer une cause analogue à la séparation des cristaux de ces coulées de lave. Le refroidissement paraît avoir modifié dans certains cas la composition de la surface des laves, car Dufrénoy (*Mém. pour servir*, etc., t. IV, p. 271) a constaté que les parties internes d'une coulée située aux environs de Naples étaient formées pour les deux tiers par un minéral attaquable aux acides, tandis que la surface était composée principalement d'un minéral inattaquable par ces réactifs.

(3) J'ai donné les poids spécifiques des minéraux d'après Von Kobell, une des autorités les plus récentes et les meilleures, et celui des roches d'après divers auteurs. Suivant Phillips, le poids spécifique de l'obsidienne est 2,35, et Jameson affirme qu'il ne dépasse jamais 2,4 ; mais j'ai reconnu qu'il était de 2,42 pour un spécimen de l'Ascension.

scoriacée, qui est formée de lave fondue et de bulles de gaz surchauffés.

La chute des cristaux au sein d'une substance visqueuse comme celle des roches fondues, et qui est incontestablement démontrée par les expériences de M. Drée, mérite un examen plus attentif, car ce phénomène éclaire le problème de la séparation des laves trachytiques et basaltiques. M. P. Scrope a étudié cette question, mais il paraît n'avoir eu connaissance d'aucun fait positif, comme ceux que je viens de signaler, et il a perdu de vue un facteur qui me semble indispensable dans l'étude du phénomène, c'est-à-dire l'existence à l'état de globules ou de cristaux tantôt du minéral le moins dense et tantôt du minéral le plus dense. Il est difficilement admissible que la faible différence de densité des particules séparées infiniment petites de feldspath, d'augite ou de quelque autre minéral, suffise à vaincre le frottement produit par leur mouvement au sein d'une substance dont la fluidité est imparfaite, telle qu'une roche en fusion ; mais, si les molécules d'un quelconque de ces minéraux se sont réunies en cristaux ou en granules pendant que les autres conservaient l'état liquide, on comprend facilement que la descente ou le flottage des minéraux auront été notablement facilités par suite de l'atténuation du frottement. D'un autre côté, si tous les minéraux ont pris l'état grenu au même instant, il est à peu près impossible qu'une séparation quelconque ait pu s'opérer, à cause de la résistance qu'ils devaient s'offrir mutuellement. On a fait dernièrement une découverte pratique importante qui montre le rôle que joue l'état grenu d'un élément contenu dans une masse fluide en favorisant la séparation de cette substance. Quand on agite d'une manière ininterrompue, pendant son refroidissement, du plomb fondu contenant une faible proportion d'argent, il devient grenu, et ces grains ou cristaux imparfaits de plomb presque pur descendent au fond du creuset en abandonnant un résidu

de métal fondu beaucoup plus riche en argent; tandis
que si on laisse reposer le mélange en le maintenant
à l'état liquide pendant un certain temps, les deux
métaux ne montrent aucune tendance à se séparer (1).
L'agitation paraît n'avoir d'autre effet que de provoquer
la formation des grains séparés. Le poids spécifique de
l'argent est 10,4 et celui du plomb 11,35; le plomb grenu
qui tombe au fond du creuset n'est jamais absolument
pur, et le résidu métallique liquide ne contient, au
maximum, que 1/119 d'argent. Puisque la différence de
densité due à la proportion très inégale suivant laquelle
les deux métaux sont mélangés, est si excessivement
faible, il est probable que celle qui existe entre le plomb
liquide et le plomb grenu quoique encore chaud, intervient pour une grande part dans l'acte de la séparation.

D'après ces faits, si un des minéraux constitutifs d'une
masse rocheuse volcanique liquéfiée qui repose pendant
un certain temps sans subir aucune agitation violente,
s'agrège en cristaux ou en grains, ou s'il a été arraché
en cet état à quelque roche plus ancienne, nous pouvons nous attendre à ce que ces cristaux ou ces grains
flotteront à des niveaux plus ou moins élevés suivant leur
poids spécifique relatif. Or, nous avons la preuve évidente que des cristaux ont été empâtés dans un grand
nombre de laves pendant que la pâte ou la base demeurait fluide. Il me suffira de rappeler comme exemples les
diverses grandes coulées pseudo-porphyritiques des îles

(1) Une notice détaillée et intéressante sur cette découverte,
par M. Pattinson, a été lue devant l'Association britannique en
septembre 1838. Suivant Turner (*Chemistry*, p. 210), le métal le
plus lourd de certains alliages descend au fond du creuset, et
il paraît que ce phénomène se produit lorsque les métaux sont
tous deux à l'état liquide. Lorsque la différence de densité est
considérable, comme celle qui existe entre le fer et le laitier qui
se forme pendant la fusion du minerai, il n'est pas étonnant que
les atomes se séparent sans qu'aucune des deux substances soit à
l'état grenu.

Galapagos, et les coulées trachytiques de diverses régions, dans lesquelles nous trouvons des cristaux de feldspath ployés et brisés par le mouvement de la masse semi-liquide environnante. Les laves sont composées, en majeure partie, de trois variétés de feldspath, dont la densité oscille entre 2,4 et 2,74 ; de hornblende et d'augite, allant de 3 à 3,4, d'olivine variant de 3,3 à 3,4 et enfin d'oxydes de fer avec un poids spécifique de 4,8 à 5,2. Il en résulte que les cristaux de feldspath nageant dans une lave liquide mais peu vésiculaire, tendront à s'élever vers la surface, et que les cristaux ou les grains des autres minéraux tendront à descendre. Nous ne devons pas nous attendre cependant à constater une séparation parfaite au sein de substances aussi visqueuses. Le trachyte, qui consiste principalement en feldspath avec un peu de hornblende et d'oxyde de fer, a un poids spécifique d'environ 2,45 (1), tandis que le basalte, composé en majeure partie d'augite et de feldspath, auquel s'ajoute souvent une forte proportion de fer et d'olivine, atteint une densité de 3,0. Conséquemment nous remarquons que dans les endroits où des coulées basaltiques et trachytiques ont été émises d'un même cratère, les coulées de trachyte ont généralement fait éruption les premières, parce que, comme nous devons le supposer, la lave fondue appartenant à cette série s'était accumulée à la partie supérieure du foyer volcanique. Cette succession a été observée par Beudant, Scrope et d'autres auteurs, et j'en ai donné trois exemples dans cet ouvrage. Pourtant, comme les dernières éruptions d'un grand nombre de volcans se sont fait jour au travers des parties inférieures de ces monta-

(1) Von Buch a trouvé 2,47 pour le trachyte de Java ; De la Bèche 2,42 pour celui d'Auvergne, et moi-même 2,42 pour celui de l'Ascension. Jameson et d'autres auteurs attribuent au basalte un poids spécifique de 3,0, mais De la Bèche a trouvé qu'elle n'était que de 2,78 pour certains spécimens d'Auvergne, et de 2,91 pour des spécimens de la Chaussée des Géants.

gnes, par suite de l'accroissement de la hauteur et du
poids de la colonne interne de roche fondue, nous voyons
pourquoi dans la plupart des cas les flancs inférieurs
des masses trachytiques centrales sont seuls enveloppés
de coulées basaltiques. Peut-être la séparation des éléments d'une masse lavique s'opère-t-elle quelquefois
dans l'intérieur d'une montagne volcanique, dont la hauteur et les autres dimensions sont suffisamment grandes,
au lieu de se faire dans le foyer souterrain. Dans ce cas,
des coulées de trachyte provenant du sommet de ce
volcan, et des coulées de basalte émanées de sa base
peuvent être éjaculées presque simultanément ou à des
intervalles très rapprochés : c'est ce qui paraît s'être produit à Ténérife (1). Il me suffira de faire remarquer en
outre que, naturellement, la séparation des deux séries doit
souvent être entravée par suite de bouleversements violents, même quand les conditions lui sont favorables, et
que, de même, leur ordre d'éruption ordinaire doit être
interverti. En bien des cas, peut-être, les laves basaltiques ont seules atteint la surface, à cause du haut degré
de fluidité de la plupart d'entre elles.

Nous avons vu dans l'exemple décrit par Von Buch
que des cristaux de feldspath descendent au sein de l'obsidienne vers la partie inférieure de la masse, parce que
leur poids spécifique est plus élevé, comme on le sait,
que celui de cette roche ; nous pouvons donc nous attendre
à constater dans toute région trachytique où l'obsidienne
a coulé à l'état de lave, qu'elle a été émise par les orifices supérieurs, ou occupant la plus grande altitude.
D'après Von Buch, ce fait se confirme d'une manière
remarquable, tant aux îles Lipari qu'au pic de Ténériffe. En ce dernier point l'obsidienne ne s'est jamais
écoulée par des orifices situés à moins de 9.200 pieds de

(1) Consulter l'admirable *Description physique* si connue de
cette île par Von Buch, qui peut être considérée comme un modèle de géologie descriptive.

hauteur. L'obsidienne paraît avoir été éjaculée aussi par les pics les plus élevés de la Cordillère péruvienne. Je me borne à faire observer, en outre, que le poids spécifique du quartz varie de 2,6 à 2,8, et que par conséquent, lorsque ce minéral existe dans un foyer volcanique, il ne doit pas tendre à descendre avec la masse fondamentale basaltique ; ceci explique peut-être la présence fréquente et l'abondance du quartz au sein des laves trachytiques, déjà signalées à plusieurs reprises dans cet ouvrage.

Peut-être objectera-t-on à la théorie que je viens d'exposer le fait que les roches plutoniques ne sont pas divisées en deux séries nettement distinctes et de pesanteur spécifique différente, quoiqu'elles aient passé par l'état liquide comme les roches volcaniques. Pour répondre à cette objection, il convient de faire remarquer d'abord qu'aucune preuve ne démontre que les atomes d'un quelconque des minéraux constitutifs des roches plutoniques se soient agrégés, tandis que les autres minéraux restaient fluides, ce qui est une condition presque indispensable de leur séparation, comme nous nous sommes efforcés de le prouver ; au contraire, les cristaux se sont moulés généralement les uns sur les autres (1).

En second lieu, le calme absolu qui a présidé, selon toute probabilité, au refroidissement des masses pluto-

---

(1) La pâte cristalline de la phonolite est souvent traversée de longues aiguilles de hornblende, ce qui prouve que ce minéral, quoique l'élément le plus fusible de la phonolite, a cristallisé avant ou en même temps qu'une substance plus réfractaire. Si mes observations sont exactes, la phonolite se présente toujours à l'état de roche injectée comme celles de la série plutonique ; elle s'est donc probablement solidifiée comme ces dernières sans subir de dérangements violents ni répétés. Les géologues qui ont douté que le granite ait pu se former par liquéfaction ignée parce que des minéraux de fusibilité différente s'y moulent les uns sur les autres, doivent avoir ignoré le fait que la hornblende cristallisée pénètre la phonolite, roche dont l'origine ignée est incontestable. L'état visqueux que le quartz et le feldspath

niques ensevelies à de grandes profondeurs, devait être
très probablement fort défavorable à la séparation de
leurs minéraux constitutifs, car, si la force attractive qui
rapproche les molécules des divers minéraux pendant le
refroidissement progressif de la masse est suffisante
pour les maintenir réunies, le frottement entre ces cristaux à demi formés ou ces globules pâteux doit empêcher les plus lourds d'entre eux de descendre au fond du
bain et les plus légers de monter. D'autre part, les petites
perturbations qui doivent probablement se produire dans
la plupart des foyers volcaniques, et qui ne suffiraient
pas, comme nous l'avons vu, à empêcher la séparation
de grains de plomb dans un mélange de plomb et d'argent
en fusion ou de cristaux de feldspath dans une coulée
de lave, pourraient pourtant amener la rupture et une
nouvelle fusion des globules les moins bien formés, permettant aux cristaux les mieux formés, et qui pour cette
raison ne se brisent pas, de descendre ou de monter suivant leur pesanteur spécifique.

Quoiqu'on ne constate pas dans les roches plutoniques
l'existence des deux types distincts correspondant aux
séries trachytique et basaltique, j'ai lieu de croire qu'il
s'est produit souvent une séparation plus ou moins prononcée de leurs parties constitutives. Je soupçonne
qu'il doit en être ainsi, parce que j'ai observé la grande
fréquence avec laquelle des dikes de greenstone et de
basalte coupent les formations étendues de granite et de
roches métamorphiques qui s'y rattachent. Je n'ai jamais
étudié un district d'une région granitique étendue sans
y découvrir des dikes ; je puis citer comme exemples
les nombreux dikes de trapp que l'on rencontre dans
plusieurs provinces du Brésil, du Chili, de l'Australie,

conservent tous deux à une température bien inférieure à leur
point de fusion, comme on le sait aujourd'hui, explique facilement leur moulage mutuel. Voir à ce sujet le travail de M. Horner sur Bonn. *Geolog. Transact.*, vol. IV, p. 439 ; et pour le
quartz, l'*Institut*, 1839, p. 161.

et au cap de Bonne-Espérance; de même, il existe un
grand nombre de dikes dans les vastes contrées granitiques de l'Inde, du nord de l'Europe et d'autres pays.
D'où le greenstone et le basalte qui forment ces dikes
sont-ils venus? Devons-nous supposer, avec quelques
anciens géologues, qu'une zone de trapp s'étend uniformément sous les roches granitiques qui, suivant l'état
actuel de nos connaissances, constituent la base de
l'écorce du globe? N'est-il pas plus vraisemblable de
croire que ces dikes sont dus à des fissures sillonnant
des roches granitiques et métamorphiques imparfaitement refroidies, dont les éléments les plus fusibles con-
sistant surtout en hornblende ont été en quelque sorte
sollicités à monter dans ces fissures? A Bahia, au Brésil,
j'ai vu dans une contrée de gneiss et de greenstone primitif, de nombreux dikes constitués par une roche à
augite de couleur foncée (car un cristal que j'ai détaché
appartenait incontestablement à ce minéral), ou par une
roche amphibolique formée, comme plusieurs preuves
le démontraient clairement, avant la solidification de
la masse environnante, ou ayant subi plus tard un ramol-
lissement complet simultanément avec cette masse (1).
Des deux côtés de l'un de ces dikes le gneiss était pénétré, à la profondeur de plusieurs yards, par de nombreux
fils ou stries curvilignes d'une matière à teinte foncée et
dont la forme ressemblait à celle des nuages désignés
sous le nom de « cirrhi-comæ » ; on pouvait suivre
quelques-uns de ces filaments jusqu'à leur point de jonction avec le dike. Lorsque je les examinai, il me parut douteux que des veines aussi fines et aussi curvilignes aient

(1) Des fragments de ces dikes ont été brisés et sont entourés
maintenant par les roches primitives dont les feuillets les envi-
ronnent en restant parallèles à eux-mêmes. Le Dr Hubbard a
décrit aussi (*Silliman's Journal*, vol. XXXIV, p. 119) un entrecroi-
sement de veines de trapp dans le granite des White Mountains,
qui doit avoir été formé, selon lui, lorsque les deux roches étaient
à l'état pâteux.

pu être injectées, et je crois maintenant, qu'au lieu d'avoir
été injectées par le dike, elles ont été, au contraire, comme
ses vaisseaux nourriciers. Si on admet comme vraisemblable cette théorie sur l'origine des dikes de trapp dans
des régions granitiques très étendues, et loin de roches
appartenant à quelque autre série, nous pouvons admettre
aussi que, quand une grande masse de roche plutonique
est poussée par des efforts répétés dans l'axe d'une chaîne
de montagnes, ses éléments les plus liquides peuvent
s'écouler dans des abîmes profonds et inconnus, pour
être ultérieurement ramenés, peut-être, à la surface sous
forme de masses injectées de greenstone, de porphyre
augitique (1) ou d'éruptions basaltiques. La plupart des
difficultés que les géologues ont rencontrées en comparant les rochesvolcaniques et plutoniques au point de
vue de leur composition se trouvent résolues, je pense,
si nous pouvons admettre que ces éléments relativement
lourds et fusibles qui composent les roches basaltiques
et trappéennes, ont été partiellement éliminés du plus
grand nombre des masses plutoniques.

Distribution des îles volcaniques. — Au cours de mes
recherches sur les récifs coralliens, j'ai eu l'occasion de
consulter les écrits d'un grand nombre de voyageurs, et
j'ai été constamment frappé du fait, qu'à peu d'exceptions

(1) M. Phillips (*Lardner's Encyclop.*, vol. II, p. 115) cite l'opinion
de Von Buch suivant laquelle le porphyre augitique s'étend
parallèlement aux grandes chaînes de montagnes et se rencontre
toujours à leur base. De Humboldt a constaté également l'existence fréquente de roches trappéennes dans une position géologique analogue; et moi-même j'ai observé plusieurs exemples
de ce fait au pied de la Cordillère chilienne. L'existence du granite dans l'axe des grandes chaînes de montagnes est toujours
probable, et je suis tenté de croire que les masses de porphyre
augitique et de trapp injectées latéralement ont à peu près la
même relation avec l'axe granitique que les laves basaltiques
avec les masses trachytiques centrales, autour des flancs desquelles elles ont si souvent fait éruption.

près, les îles innombrables qui parsèment le Pacifique,
l'océan Indien et l'Atlantique sont formées soit de roches
volcaniques, soit de roches coralliennes récentes. Citer
une longue liste de toutes les îles volcaniques serait fas-
tidieux, mais il est facile d'énumérer les exceptions que
j'ai rencontrées. Dans l'Atlantique nous avons les rochers
de Saint-Paul décrits dans cet ouvrage, et les îles
Falkland formées de schiste quartzeux et argileux ; mais
ces dernières îles sont fort grandes et ne sont pas très
éloignées de la côte de l'Amérique méridionale (1). Dans
l'océan Indien, les Seychelles (situées sur une ligne qui
prolonge Madagascar) consistent en granite et en quartz.
Dans l'océan Pacifique, la Nouvelle-Calédonie, qui est une
grande île, appartient (pour autant que sa constitution
soit connue) à la classe des roches primitives ; la Nouvelle-
Zélande, qui possède beaucoup de roches volcaniques et
quelques volcans en activité, est trop étendue pour que
nous puissions la ranger parmi les petites îles dont nous
nous occupons en ce moment. La présence de quelques
roches non volcaniques, telles que des schistes argileux
dans trois des Açores (2), de calcaire tertiaire à Madère,
de schiste argileux à l'île Chatham dans le Pacifique, ou
de lignite à l'île de Kerguelen, ne doit pas faire exclure
ces îles ou ces archipels de la classe des îles volcaniques,
si elles sont formées principalement de matières éruptives

(1) A en juger d'après les recherches incomplètes de Forster,
il est possible que l'île Saint-Georges ne soit pas volcanique.
En ce qui concerne les Seychelles je me base sur les affirma-
tions du D<r> Allan. J'ignore de quel genre de roches est formée
l'île Rodriguez dans l'océan Indien.

(2) Ceci s'appuie sur l'autorité du comte V. de Bedemar pour
Flores et Graciosa (*Charlsworth Magazine of Nat. Hist.*, vol. 1,
p. 557). Suivant le capitaine Boyd, l'île Sainte-Marie n'a pas de
roches volcaniques (*Description de Von Buch*, p. 365). L'île Chatham a été décrite par le D<r> Dieffenbach dans le *Geographical
Journal*, année 1841, p. 201. Jusqu'à présent l'expédition antarc-
tique ne nous a fourni que des renseignements incomplets sur
l'île Kerguelen.

La constitution de ces nombreuses îles qui parsèment les grands océans, étant presque toujours volcanique à ces rares exceptions près, se rattache évidemment à la loi suivant laquelle presque tous les volcans actifs forment des îles ou sont situés près du rivage de la mer ; elle est un effet des phénomènes chimiques ou mécaniques qui ont déterminé cette répartition des volcans. Le fait que les îles océaniques sont si généralement volcaniques est intéressant aussi au point de vue de la nature des chaînes de montagnes de nos continents, qui, à peu d'exceptions près, ne sont pas volcaniques, quoique cependant nous ayons des raisons de supposer qu'un océan s'étendait autrefois sur l'espace occupé aujourd'hui par les continents. Nous sommes amenés à nous demander si les éruptions volcaniques se produisent plus facilement au travers des fissures qui se sont formées pendant les premières phases de la transformation du lit de la mer en une surface terrestre.

Quand on examine les cartes des nombreux archipels volcaniques, on voit que les îles sont ordinairement disposées en rangées, simples, doubles ou triples, suivant des lignes souvent légèrement courbes (1). Chacune des îles du groupe est arrondie, ou plus ordinairement allongée dans le même sens que le groupe dont elle fait partie, mais parfois transversalement à cette direction. Certains groupes dont l'allongement n'est pas fortement accentué offrent peu de symétrie dans leurs formes ; M. Virlet (2) constate que ce cas se présente pour l'archipel grec ; je suis porté à penser (car je sais combien il est facile de se tromper en ces matières) que les orifices volcaniques sont ordinairement alignés suivant

(1) Dans un mémoire présenté récemment à l'*American Association*, les professeurs William et Henry Darwin Rogers ont insisté d'une manière spéciale sur les directions de soulèvement qui affectent une courbe régulière dans certaines parties de la chaîne des Appalaches.

(2) *Bulletin de la Société Géologique*, t. III, p. 110.

une même droite ou sur une série de lignes parallèles peu longues, coupant presque à angle droit une autre ligne ou une autre série de lignes. L'archipel des Galapagos offre un exemple de cette structure, car la plupart des îles et les principaux cratères situés dans les plus grandes d'entre elles sont groupés de manière à se disposer sur un système de lignes orienté N.-N.-W. et sur un autre système dirigé W.-S.-W. ; nous trouvons une structure du même genre, mais plus simple, dans l'archipel des Canaries. Dans le groupe du Cap Vert qui paraît être le moins symétrique de tous les archipels océaniques de nature volcanique, une ligne dessinée par plusieurs îles et courant N.-W.-S.-E. couperait presque à angle droit, si on la prolongeait, une courbe jalonnée par les autres îles.

Von Buch (1) a classé tous les volcans en deux catégories : *les volcans centraux* autour desquels des éruptions se sont produites en grand nombre, de tous côtés, d'une manière presque régulière, et les *chaînes volcaniques*. Dans les exemples que l'auteur donne pour les volcans de la première catégorie je ne puis découvrir, au point de vue de leur situation, aucune raison qui justifie la qualification de centraux, et il n'existe, à mon avis, aucune différence essentielle de constitution minéralogique entre les *volcans centraux* et les *chaînes volcaniques*. Sans doute, dans la plupart des petits archipels volcaniques l'une des îles peut être beaucoup plus élevée que les autres ; de même que dans une île donnée un des orifices est généralement plus haut que tous les autres, quelle que puisse être la cause de ce fait. Von Buch ne range pas dans sa classe des chaînes volcaniques, de petits archipels dont il admet que les îles sont alignées, comme il le fait pour les Açores, mais il est difficile de croire qu'il existe quelque différence essentielle entre les chaînes volcaniques plus ou moins allongées.

(1) *Description des Isles Canaries*, p. 324.

Si l'on jette un coup d'œil sur une mappemonde, on constate combien sont parfaites les transitions qui unissent
de petits groupes d'îles volcaniques alignées aux séries
presque ininterrompues d'archipels se suivant en ligne
droite, et finalement à une grande muraille comme la Cordillère américaine. Von Buch soutient (1) que des chaînes
volcaniques couronnent des chaînes de montagnes de formation primitive, ou sont en rapport intime avec elles;
mais si, dans le cours des temps, des archipels allongés
sont transformés en chaînes de montagnes sous l'action
prolongée des forces de soulèvement et éruptives, il en
résultera naturellement que les roches primitives inférieures seront souvent soulevées et deviendront visibles.

Quelques auteurs ont fait remarquer que les îles volcaniques sont répandues, quoiqu'à des distances très inégales, le long des rivages des grands continents, comme si
elles étaient, jusqu'à un certain point, en rapport avec eux.
Pour l'île de Juan Fernandez, située à 33o milles de la côte
du Chili, il existait indubitablement un rapport entre les
forces volcaniques agissant sous cette île et celles qui
agissaient sous le continent, comme cela a été montré par
le tremblement de terre de 1835. En outre, les îles de
quelques-uns des petits groupes volcaniques bordant des
continents, comme nous venons de le dire, sont situées
sur des lignes qui présentent une relation avec la direction que suivent les rivages voisins. Je citerai comme
exemples les lignes d'intersection aux archipels des Galapagos et du Cap Vert, et la ligne la mieux définie des
îles Canaries. Si ces faits ne sont pas purement fortuits,
nous voyons qu'un grand nombre d'îles volcaniques éparpillées et de petits groupes sont mis en rapport avec les
continents voisins, non seulement par leur proximité, mais
encore par la direction des fentes d'éruption, relation
que Von Buch considère comme caractéristique pour ses
grandes chaînes volcaniques.

(1) *Description des Iles Canaries*, p. 393.

Dans les archipels volcaniques il est rare que les cratères soient en activité à la fois dans plus d'une île, et les grandes éruptions ne se produisent d'habitude qu'à de longs intervalles. En considérant le grand nombre de cratères que chaque île d'un groupe porte habituellement et la quantité énorme de matières qu'ils ont émises, on est porté à attribuer une très grande ancienneté à ces groupes, même à ceux dont l'origine paraît relativement récente, comme l'archipel des Galapagos. Cette conclusion concorde avec l'érosion prodigieuse que l'action lente de la mer doit avoir fait subir à leurs côtes, primitivement inclinées en pente douce et qui ont dû, si souvent, reculer en se transformant en hautes falaises. Nous ne devons pas croire, cependant, que la masse entière des matières qui forment une île volcanique ait été toujours émise au niveau qu'elle occupe actuellement: le grand nombre de dikes qui semblent invariablement sillonner l'intérieur de tout volcan prouve, d'après les principes exposés par M. Élie de Beaumont, que la masse entière a été soulevée et fissurée. En outre, je crois avoir démontré dans mon travail sur les récifs coralliens. qu'il existe un rapport entre les éruptions volcaniques et les soulèvements contemporains s'opérant en masse (1) et qui est attesté tant par la présence fréquente de débris organiques soulevés que par la structure des récifs coralliens établis sur les roches volcaniques. Je dois faire observer enfin que des éruptions se sont produites dans un même archipel, depuis le commencement des temps historiques, sur plus d'une des lignes de fissure parallèles : ainsi dans l'archipel des Galapagos on a signalé les éruptions d'un cratère de l'île Narborough et d'un cratère de l'île Albemarle, qui ne se trouvent pas sur la même ligne: aux îles Canaries des éruptions se sont produites à Téné-

(1) Cette conclusion s'impose à la suite des phénomènes qui ont accompagné le tremblement de terre de 1835 à Conception, et qui sont décrits en détail dans la notice que j'ai publiée dans les *Geological Transactions* (vol. V, p. 601).

riffe et à Lanzarote; et aux Açores sur les trois lignes parallèles de Pico, de Saint-Georges et de Terceira. Ce fait me paraît intéressant si nous admettons qu'il n'existe d'autre différence essentielle entre une chaîne de montagnes et un volcan que celle qui distingue une injection de roches plutoniques d'une éjaculation de matières volcaniques, car il nous permet d'admettre comme probable que lors du soulèvement des chaînes de montagnes deux ou plusieurs des lignes parallèles d'une chaîne puissent avoir été soulevées et injectées pendant une même période géologique.

CHAPITRE VII

NOUVELLE-GALLES DU SUD, TERRE VAN DIEMEN, KING GEORGE'S SOUND, CAP DE BONNE-ESPÉRANCE

Nouvelle-Galles du Sud. — Formation de grès. — Pseudo-fragments de schiste empâtés. — Stratification. — Stratification entrecroisée. — Grandes vallées. — Terre Van Diemen. — Formation paléozoïque. — Formations plus récentes avec roches volcaniques. — Travertin avec feuilles de végétaux éteints. — Soulèvement de la contrée. — Nouvelle-Zélande. — King George's Sound. — Bancs ferrugineux superficiels. — Dépôts calcaires superficiels avec moules de branches. — Leur origine due à des particules de coquilles et de coraux amoncelées par le vent. — Leur extension. — Cap de Bonne-Espérance. — Contact du granite et du phyllade argileux. — Formation de grès.

Durant la seconde partie de son voyage, le *Beagle* toucha à la Nouvelle-Zélande, en Australie, à la Terre Van Diemen, et au cap de Bonne-Espérance. Désireux de consacrer la troisième partie de ces Observations Géologiques à l'Amérique méridionale seule, je décrirai brièvement ici tous les faits dignes de fixer l'attention des géologues, que j'ai observés dans les contrées que je viens de citer.

Nouvelle-Galles du Sud. — Mon champ d'observations se bornait au trajet de 90 milles géographiques que j'ai fait pour me rendre à Bathurst, à l'W.-N.-W. de Sidney. A partir de la côte, les trente premiers milles traversent une région de grès, coupée en plusieurs endroits par des rochers de trapp, et séparée du grand plateau de grès des Blue Mountains par un escarpement très élevé qui surplombe la rivière Nepean. Ce plateau supérieur mesure 1.000 pieds d'altitude au bord de l'escarpement, et à une distance de 25 milles de ce bord il s'élève jusqu'à 3.000 à 4.000 pieds au-dessus du niveau de la mer. De ce point la route descend vers une contrée moins élevée, et principalement formée de roches primitives. On y rencontre beaucoup de granite qui passe en un endroit à du porphyre rouge avec cristaux octogonaux de quartz, et qui est coupé ailleurs par des dikes de trapp. Près des Downs de Bathurst je traversai une grande étendue de pays constituée par des phyllades argileux luisants et d'un brun pâle, dont les feuillets altérés couraient du nord au sud. Je mentionne ce fait parce que le capitaine King m'a rapporté qu'aux environs du lac Georges, à une centaine de milles au sud, les micaschistes s'étendent du nord au sud d'une manière si constante que les habitants utilisent cette particularité pour se guider dans les forêts.

Le grès des Blue Mountains offre une puissance d'au moins 1.200 pieds, qui semble plus forte encore en certains endroits; il est formé de petits grains de quartz cimentés par une matière terreuse blanche, et traversé d'un grand nombre de veines ferrugineuses. Les couches inférieures alternent quelquefois avec des schistes et de la houille ; à Wolgan j'ai trouvé dans le schiste des feuilles de *Glossopteris Brownii*, fougère qui est très abondante dans la houille d'Australie. Le grès contient des cailloux de quartz dont le nombre et la dimension s'accroissent généralement dans les couches supérieures (ils ont rarement, cependant, plus d'un ou deux pouces de diamètre); j'ai observé un fait semblable dans la grande formation de grès du Cap de Bonne-Espérance. Sur la côte de l'Amérique du Sud où des couches tertiaires ont été soulevées sur une grande étendue, j'ai remarqué à plusieurs reprises que les couches supérieures étaient formées d'éléments plus grossiers que les couches inférieures ; cela semble indiquer que la puissance des vagues ou des courants augmentait à mesure que la mer devenait moins profonde. Pourtant, sur la plate-forme inférieure, entre les Blue Mountains et la côte, j'ai observé que les couches supérieures de grès passaient souvent au schiste, ce qui provient probablement de ce que cette région moins élevée a été protégée contre les forts courants pendant son soulèvement. Le grès de Blue Mountains étant évidemment d'origine clastique et n'ayant subi aucune action métamorphique, j'ai observé avec surprise que dans certains spécimens presque tous les grains de quartz offraient des facettes brillantes et qu'ils étaient cristallisés d'une manière si parfaite qu'ils n'avaient certainement pu être empâtés sous leur forme *présente* dans une roche préexistante (1). Il est difficile d'imaginer comment ces cristaux ont pu se former ; on peut à peine croire qu'ils aient cristallisé isolément au fond de la mer dans leur état actuel de cristallisation. Est-il possible que des grains de quartz arrondis aient pu être attaqués par un liquide qui a corrodé leur surface et y a déposé de la silice fraîche ? Je dois faire observer que pour le grès du cap de Bonne-Espérance il est évident que de la silice a été déposée en abondance d'une solution aqueuse.

En plusieurs points du grès j'ai observé des enclaves de schiste qu'on aurait pu prendre, à première vue, pour des fragments étrangers ; cependant leurs feuillets horizontaux parallèles à ceux du grès montraient que ces enclaves étaient les restes de lits minces continus. L'un de ces fragments (constitué probablement par la coupe

(1) J'ai lu dernièrement dans un travail de Smith (le père des géologues anglais), publié dans le *Magazine of Natural History*, que les grains de quartz du *mill-stone grit* d'Angleterre sont souvent cristallisés. Dans une notice présentée en 1840 à la *British Association*, Sir David Brewster affirme que, dans le verre ancien en voie de décomposition, la silice et les métaux se séparent et se disposent en anneaux concentriques, et que la silice reprend la structure cristalline, comme le prouvent ses propriétés optiques.

transversale d'une bande longue et étroite) et qui se
montrait sur la paroi d'un rocher, présentait une épaisseur verticale plus grande que sa largeur, ce qui prouve
que ce lit de schiste doit s'être légèrement consolidé
après son dépôt et avant d'avoir été entamé par les
courants. Chaque enclave de schiste montre ainsi avec
quelle lenteur un grand nombre des couches de grès se
sont déposées. Ces pseudo-fragments de schiste expli-
queront peut-être, dans certains cas, l'origine de fragments étrangers en apparence, empâtés dans des roches
cristallines métamorphiques. Je mentionne ce fait parce
que j'ai trouvé près de Rio-de-Janeiro un fragment
anguleux nettement terminé, long de 7 yards et large
de 2, constitué par du gneiss contenant des grenats et
du mica disposés en couches, et empâté dans le gneiss
porphyrique stratifié commun dans cette contrée. Les
feuillets de ce fragment et ceux de la masse englobante
suivaient exactement la même direction, mais ils plon-
geaient sous des angles différents. Je ne veux pas affirmer
que ce fragment (constituant un cas isolé, à ma connaissance au moins) ait été originairement déposé à l'état de
couche, comme le schiste des Blue Mountains, entre les
strates du gneiss porphyrique, avant qu'elles aient subi le
métamorphisme; mais il existe entre les deux cas une analogie suffisante pour rendre cette explication plausible.

Stratification de l'escarpement. — Les couches des
Blue Mountains paraissent horizontales à première vue,
mais elles ont probablement un plongement semblable
à celui de la surface du plateau qui s'incline de l'ouest
vers l'escarpement bordant la rivière Nepean, sous un
angle de 1° ou de 100 pieds par mille (1). Les strates
de l'escarpement plongent presque exactement comme
sa surface inclinée en pente rapide, et avec tant de régu-

(1) Cette assertion est basée sur l'autorité de Sir T. Mitchell,
dans ses *Voyages*, vol. II, p. 357.

larité qu'elles semblent n'avoir jamais eu d'autre position ; mais on voit, à un examen plus attentif, qu'elles s'épaississent d'un côté, et s'amincissent de l'autre au point de disparaître, et qu'à leur partie supérieure elles sont surmontées et pour ainsi dire coiffées par des bancs horizontaux. Il est probable, d'après cela, que nous sommes ici en présence d'un escarpement original qui n'est pas formé par l'érosion marine, mais par le fait qu'à l'origine les strates ne se sont pas étendues au-delà de ce point. Ceux qui ont l'habitude de consulter des cartes détaillées de côtes sur lesquelles s'accumulent des sédiments sauront que la surface des bancs ainsi formés s'incline, en général, fort lentement de la côte vers une certaine ligne du large au-delà de laquelle la profondeur devient brusquement très grande dans la plupart des cas. Je puis citer comme exemple les grands bancs de sédiments de l'archipel des Antilles (1) qui se terminent en pentes sous-marines inclinées de 3o à 4o° et parfois même de plus de 4o° ; chacun sait combien une pente semblable paraîtrait escarpée sur terre. Si des bancs de ce genre étaient soulevés, ils auraient probablement la même forme extérieure, à peu près, que le plateau des Blue Mountains à l'endroit où il se termine brusquement au bord de la rivière Nepean.

Stratification entrecroisée. — Dans la région côtière basse et dans les Blue Mountains, les couches de grès sont souvent coupées par de petits lits obliques à leur direction, qui s'inclinent en divers sens souvent sous un

(1) J'ai décrit ces bancs très curieux dans l'appendice (p. 196) à mon ouvrage sur la structure des récifs coralliens. J'ai déterminé l'inclinaison des parois des bancs d'après les renseignements que m'a donnés le capitaine B. Allen, l'un des hydrographes, et en mesurant soigneusement les distances horizontales comprises entre le dernier sondage situé sur le banc et le premier qui se trouve en eau profonde. Des bancs très étendus offrent la même forme générale de surface dans tout l'archipel des Antilles.

angle de 45°. La plupart des auteurs ont attribué ces
couches entrecroisées à de petites accumulations successives sur une surface inclinée; mais à la suite d'un
examen minutieux que j'ai fait de quelques points
du nouveau grès rouge d'Angleterre, je crois que les
couches de ce genre font généralement partie d'une série
de courbes, semblables à des vagues gigantesques, dont
les sommets ont été arasés ultérieurement et remplacés,
soit par des couches à peu près horizontales, soit par
une autre série de grandes rides dont les plis ne coïn-
cident pas exactement avec ceux des premières. Il est bien
connu de ceux qui s'occupent du service hydrographique
que, pendant les tempêtes, la vase et le sable sont boule-
versés, au fond de la mer, à des profondeurs considérables, atteignant au moins 300 à 450 pieds (1), de sorte
que la nature du sol y est même modifiée temporaire-
ment; on a observé aussi qu'à une profondeur de 60
à 70 pieds le fond de la mer est couvert de larges rides (2).
D'après les observations que j'ai faites relativement à la
structure du nouveau grès rouge, et que je viens de
mentionner, il est donc permis de croire qu'à des profondeurs plus considérables le fond de l'océan se recouvre
pendant les tempêtes de crêtes et de dépressions semblables à de grandes rides, qui sont nivelées ensuite par
les courants pendant les périodes plus tranquilles, et
qui se reforment pendant les tempêtes.

Vallées dans les plateaux de grès. — Les grandes
vallées qui coupent les Blue Mountains et les autres
plateaux de grès de cette partie de l'Australie, et qui
ont offert longtemps un obstacle insurmontable aux
tentatives des colons les plus hardis pour atteindre l'intérieur de la contrée, constituent le trait principal de

(1) Voir Martin White, *Soundings in the British Channel,*
pp. 4 et 166.
(2) M. Siau, *On the Action of Waves. Edin. New Phil. Journ.,*
vol. XXXI, p. 245.

la géologie de la Nouvelle-Galles du Sud. Ces vallées
sont très vastes et bordées par des lignes ininterrompues
de hautes falaises. Il est difficile d'imaginer un spec-
tacle plus majestueux que celui qui s'offre aux regards
lorsqu'en s'avançant sur le plateau on arrive tout à coup
au bord d'une de ces falaises dont la verticalité est telle
qu'on peut atteindre d'un coup de pierre les arbres croissant à 1.000 et 1.500 pieds au-dessous de soi, comme
j'en ai fait l'expérience. A droite et à gauche on aperçoit des promontoires se succédant à perte de vue sur la
ligne fuyante de la falaise; et sur le versant opposé de
la vallée, souvent éloigné de plusieurs milles, on voit
une autre ligne s'élevant à la même hauteur que celle
sur laquelle on se trouve, et formée des mêmes couches
horizontales de grès pâle. Le fond de ces vallées est peu
incliné, et, d'après sir T. Mitchell, la pente des rivières
qui les parcourent est faible. Souvent les vallées principales envoient vers l'intérieur du plateau de grandes
ramifications en forme de golfes, qui s'élargissent à leur
extrémité supérieure; et, d'autre part, le plateau projette
souvent des promontoires dans la vallée et y abandonne
même de grandes masses presque entièrement détachées.
Les lignes de falaises qui bordent les vallées sont si parfaitement continues que, pour descendre dans certaines
d'entre elles, il est nécessaire de faire des détours de
20 milles, et ce n'est même que dernièrement que les
officiers du service topographique ont pénétré dans
quelques-unes de ces vallées, où les colons ne sont pas
encore parvenus à faire entrer leur bétail. Mais le trait
le plus remarquable de la structure de ces vallées, c'est
que, malgré la largeur de plusieurs milles qu'elles présentent dans leur région supérieure, elles se rétrécissent
ordinairement vers leur extrémité inférieure, à tel point
qu'elles deviennent impraticables. Le *Surveyor-general*,
Sir T. Mitchell (1), a tenté vainement de remonter la gorge

----

(1) *Travels in Australia*, vol. I, p. 154. — Je dois exprimer ma

par laquelle la rivière Grose rejoint le Nepean, en marchant d'abord, et en rampant ensuite entre les grands blocs de grès écroulés; la vallée de la Grose forme cependant vers sa partie supérieure, ainsi que je l'ai constaté *de visu*, un bassin magnifique large de plusieurs milles, et elle est entourée de tous côtés par des falaises dont les sommets atteignent, à ce que l'on croit, une altitude qui n'est pas inférieure à 3.000 pieds au-dessus du niveau de la mer. Lorsqu'on conduit des bestiaux dans la vallée de la Wolgan, par un sentier que j'ai descendu et qui a été, en partie, entaillé dans le roc par les colons, ils ne peuvent pas s'échapper, car cette vallée est entourée complètement par des falaises verticales, et à 8 milles plus bas elle se resserre au point que sa largeur, qui est d'un demi-mille en moyenne, se réduit à celle d'une simple fente dans laquelle ni homme ni bête ne saurait passer. Sir T. Mitchell (1) rapporte que la grande vallée où coule la rivière Cox avec toutes ses ramifications se resserre à son confluent avec le Nepean en une gorge large de 2.200 yards et profonde de 1.000 pieds environ. On pourrait citer encore d'autres exemples semblables.

La première impression qu'on éprouve en constatant la correspondance des couches horizontales sur les deux côtés de ces vallées et de ces grandes dépressions en amphithéâtre, c'est qu'elles ont été creusées principalement, comme les autres vallées, par l'action érosive des eaux ; mais, quand on songe à la quantité énorme de roches qui, dans cette théorie, devraient avoir été transportées au travers de simples gorges, ou même de fentes, lors du creusement de la plupart des vallées dont nous venons de parler, on est porté à se demander si ces dépressions n'ont pas été formées par affaisement ;

reconnaissance envers sir T. Mitchell pour plusieurs communications fort intéressantes qu'il m'a faites personnellement au sujet de ces vallées de la Nouvelle-Galles du Sud.

(1) *Travels in Australia,* vol. II, p. 358.

pourtant, si nous considérons la forme des vallées avec leurs ramifications irrégulières et celle des promontoires étroits qui, partant des plateaux, s'avancent dans les vallées, nous sommes obligés d'abandonner cette manière de voir. Il serait absurde d'attribuer la formation de ces dépressions à l'action alluviale, et les eaux qui ruissellent du plateau ne descendent pas toujours dans la vallée au niveau le plus élevé, mais sur un des côtés de ses flancs en forme de golfe, comme je l'ai observé près de Weatherboard. Des habitants m'ont dit qu'ils ne voient jamais une de ces falaises dont l'allure rappelle celle d'une baie, avec leurs promontoires fuyant à droite et à gauche, sans être frappés de leur ressemblance avec une côte marine élevée. Il en est incontestablement ainsi: en outre, les beaux et nombreux ports de la côte actuelle de la Nouvelle-Galles du Sud avec leurs bras largement ramifiés, et qui sont ordinairement reliés à la mer par un étroit goulet large de 1 mille à un quart de mille traversant des falaises de grès, ressemblent aux grandes vallées de l'intérieur, en miniature il est vrai. Mais alors se présente immédiatement une grave difficulté : pourquoi la mer a-t-elle creusé ces dépressions si étendues quoique circonscrites, dans un vaste plateau et a-t-elle laissé intactes de simples gorges au travers desquelles l'énorme masse des matériaux broyés doit avoir été transportée tout entière ? La seule lumière que je puisse apporter à la solution de cette énigme, c'est de faire observer que dans certaines mers il s'édifie des bancs affectant les formes les plus irrégulières, et que leurs bords sont si escarpés (comme nous l'avons vu plus haut) qu'il suffirait d'une érosion relativement faible pour les transformer en falaises. J'ai observé en plusieurs points de l'Amérique méridionale que les vagues peuvent former des falaises à pic, même dans les ports entourés de tous côtés par les terres. Dans la mer Rouge des bancs d'un contour extrêmement irrégulier, et formés de sédiments sont coupés par des criques aux formes les plus singulières et à embouchure étroite ; le même cas se présente, mais sur une plus grande échelle, pour les bancs de Bahama. J'ai été amené à croire (1) que ces bancs ont été formés par des courants qui accumulaient des sédiments sur un fond de mer inégal. Quand on a étudié les cartes marines des Antilles, on est forcé de reconnaître que la mer accumule parfois des sédiments autour de rochers sous-marins et de certaines îles, au lieu de les étendre en une nappe uniforme. Appliquant ces théories aux plateaux de grès de la Nouvelle-Galles du Sud, je suppose que les strates peuvent avoir été accumulées sur un fond marin inégal par l'action de courants puissants et des vagues d'une mer largement ouverte, et que les flancs escarpés des espaces en forme de vallées demeurés vides peuvent avoir été transformées en falaises par l'érosion produite durant le soulèvement lent de la contrée ; le grès enlevé par les flots a été emporté, soit au moment où la mer a creusé les gorges étroites en se retirant, soit plus tard par action alluviale.

TERRE VAN DIEMEN

La partie méridionale de cette île est constituée principalement par des montagnes de *greenstone*, qui prend un caractère syénitique et contient beaucoup d'hypersthène. Ces montagnes sont généralement enchâssées jusqu'à la moitié de leur hauteur dans des couches qui renferment une grande quantité de

(1) Voir l'appendice au travail sur les récifs coralliens (pp. 192 et 196). L'accumulation de vase, par l'action des flots, autour d'un noyau submergé est un fait digne d'attirer l'attention des géologues, car il se forme ainsi des couches extérieures au noyau offrant la même composition que les bancs qui constituent la côte, et si ces couches viennent plus tard à être soulevées et que les flots les transforment en falaises, on les considérera naturellement comme primitivement réunies aux couches de la côte elle-même.

petits coraux et quelques coquilles. Ces coquilles ont été
étudiées par M. G.-B. Sowerby et sont décrites dans
l'appendice ; elles consistent en deux espèces de produc-
tus et six de spirifères. Pour autant que l'état imparfait
de leur conservation permette de les comparer, deux de
ces coquilles, notamment *P. Rugata* et *S. Rotundata*,
ressemblent à des coquilles du *calcaire carbonifère* d'Angleterre. M. Lonsdale a bien voulu étudier les coraux,
ils consistent en six espèces non décrites appartenant à
trois genres. Des espèces se rapportant à ces genres se
trouvent dans les couches siluriennes, dévoniennes et
carbonifères d'Europe. M. Lonsdale fait observer que
tous ces fossiles ont incontestablement un caractère paléozoïque, et qu'ils correspondent, sous le rapport de
l'âge, à une division du système, supérieure aux formations siluriennes.

Les couches qui renferment ces fossiles sont intéressantes par l'extrême variabilité de leur composition
minéralogique. On y rencontre toutes les variétés intermédiaires entre le schiste siliceux, le schiste ardoisier
passant à la grauwacke, le calcaire pur, le grès et une
roche porcellanique ; et l'on ne saurait décrire certains
bancs qu'en disant qu'ils sont formés d'un schiste argileux calcaréo-siliceux. Pour autant que j'aie pu en juger,
la puissance de cette formation est de 1.000 pieds au
moins ; la partie supérieure consiste ordinairement, sur
une épaisseur de quelques centaines de pieds, en grès
siliceux contenant des cailloux et sans fossiles. Les couches inférieures sont les plus variables ; elles sont formées généralement d'un schiste siliceux de couleur pâle,
et ce sont elles qui renferment le plus grand nombre de
fossiles. Près de Newtown on exploite une couche d'une
masse calcareuse blanche et tendre, qui se trouve comprise entre deux bancs de calcaire cristallin dur, et qu'on
utilise pour badigeonner les maisons. Suivant les renseignements qui m'ont été donnés par le *Surveyor General*,
M. Frankland, on rencontre cette formation paléozoïque

en divers endroits dans l'île entière; je puis ajouter suivant la même autorité qu'il existe des dépôts primaires fort étendus sur la côte nord-est et dans le détroit de Bass.

Les rivages de Storm Bay sont bordés, jusqu'à la hauteur de quelques centaines de pieds, par des couches de grès contenant des galets appartenant à la formation que je viens de décrire, avec ses fossiles caractéristiques, et qui sont pour cette raison plus récentes que cette formation. Ces couches de grès passent souvent au schiste et alternent avec des couches de houille impure ; elles ont été énergiquement bouleversées en certains endroits. J'ai observé près de Hobart-Town un dike large d'environ 100 yards, sur l'un des côtés duquel les couches étaient redressées sous un angle de 60°, tandis que de l'autre côté elles étaient verticales en certains endroits et modifiées par l'action de la chaleur. Sur la côte ouest de Storm Bay j'ai constaté que ces strates étaient surmontées par des coulées de lave basaltique contenant de l'olivine ; et tout près de là on voyait une masse de scories bréchiformes renfermant des galets de lave, et indiquant probablement la place d'un ancien cratère sous-marin. Deux de ces coulées de basalte étaient séparées l'une de l'autre par une couche de wacke argileuse, dont on pouvait suivre le passage à des scories partiellement altérées. La wacke contenait un grand nombre de grains arrondis d'un minéral tendre, vert d'herbe, à éclat cireux et translucide sur les bords. Au chalumeau ce minéral devenait immédiatement noir, et ses arêtes aiguës se fondaient en un émail noir fortement magnétique; il ressemble par ces caractères aux masses d'olivine décomposée que j'ai décrites à San Thiago dans l'archipel du Cap Vert, et j'aurais cru qu'il avait la même origine, si je n'avais pas trouvé dans les vacuoles du basalte une substance (1) semblable en filaments cylindriques, état

(1) La chlorophæïte décrite par le Dr Mac Culloch (*Western Islands*, vol. I, p. 504) comme se présentant dans une roche basal-

sous lequel l'olivine ne se présente jamais; je crois que
cette substance serait rangée avec le bol par les minéralogistes.

Travertin avec plantes fossiles. — Il existe en arrière de Hobart-Town une petite carrière où l'on exploite
un travertin dur, dont les bancs inférieurs offrent de
nombreuses empreintes de feuilles bien nettes. M. Robert Brown a bien voulu étudier les échantillons que j'y
ai recueillis; et il m'informe qu'il y a parmi eux quatre
ou cinq variétés dont il n'en reconnaît aucune comme
appartenant à des espèces actuelles. La feuille la plus
remarquable est palmée comme celle d'un palmier-éven-
tail, et jusqu'à présent on n'a découvert sur la Terre Van
Diemen aucune plante dont les feuilles présentent cette
structure. Les autres feuilles ne ressemblent ni à la
forme la plus ordinaire de l'Eucalyptus (dont le genre
compose, pour la plus grande partie, les forêts qui existent dans l'île), ni aux espèces faisant exception à la
forme commune des feuilles de l'Eucalyptus et qui se
rencontrent dans cette île. Le travertin contenant ces
restes d'une flore éteinte est d'une couleur jaune pâle,
dur, et même cristallin en certaines parties; mais il
n'est pas compact, et il est pénétré dans toutes ses parties par des vacuoles étroites, cylindriques et tortueuses.
Il contient quelques rares cailloux de quartz, et accidentellement des couches de nodules de calcédoine, comme
les nodules de chert dans notre *greensand*. On a recher-
ché cette roche calcaire en d'autres endroits, à cause de
sa pureté, mais on ne l'a jamais trouvée. D'après ce fait
et d'après la nature du dépôt, il est probable qu'il a été
formé par une source calcareuse se répandant dans un

tique amygdaloïde, se distingue de cette substance parce qu'elle
est inaltérable au chalumeau, et parce qu'elle noircit par l'exposition à l'air. Pouvons-nous supposer que l'olivine passe par différentes phases en subissant la transformation remarquable que
nous avons décrite à San Thiago ?

petit étang ou dans une crique étroite. Plus tard les couches ont été redressées et fissurées, et la surface a été recouverte d'une masse de nature singulière qui a comblé aussi une grande crevasse voisine, et qui est formée de boules de trapp empâtées dans un mélange de wacke et d'une substance alumino-calcaire blanche et terreuse. Ceci ferait supposer que sur les bords de l'étang où se déposait la matière calcaire, il s'est produit une éruption volcanique qui l'a bouleversé et drainé.

Soulèvement de la contrée. — Aux environs de Hobart-Town les rives orientale et occidentale de la baie sont recouvertes toutes deux, en grande partie, de coquilles brisées mélangées de cailloux qui s'élèvent jusqu'à la hauteur de 3o pieds au-dessus de la laisse de haute mer. Les colons croient que ces coquilles ont été apportées là par les aborigènes pour s'en nourrir; il est incontestable que plusieurs grands monticules ont été formés de cette manière, comme M. Frankland me l'a fait remarquer; mais, d'après le nombre des coquilles, d'après l'abondance des espèces de petite taille, d'après la manière dont elles sont clairsemées, et d'après certains traits de la forme du pays, je crois que nous devons attribuer la présence du plus grand nombre de ces monticules à un léger soulèvement de la contrée. Sur le rivage de Ralph Bay (qui débouche dans Storm Bay) j'ai observé un banc continu, s'étendant à 15 pieds environ au-dessus de la laisse de haute mer, et qui était recouvert de végétation ; en y fouillant, je trouvai des cailloux incrustés de serpules; j'ai trouvé aussi le long des bords de la rivière Derwent un lit de coquilles brisées au-dessus du niveau de la rivière, et à un endroit où l'eau est aujourd'hui beaucoup trop peu salée pour que des mollusques marins puissent y vivre ; mais dans ces deux cas il est possible qu'avant la formation de certaines pointes de sable et de certains bancs de vase qui existent actuellement dans Storm Bay, les marées se soient élevées à la hauteur où nous trouvons les coquilles aujourd'hui (1).

On a découvert des preuves plus ou moins nettes d'un changement respectif de niveau entre les continents et la mer dans presque tous les pays situés dans cet hémisphère. Le capitaine Gray et d'autres voyageurs ont trouvé dans l'Australie méridionale des amas de coquilles soulevés appartenant à une époque géologique récente, ou à une des dernières périodes de l'ère tertiaire. Les naturalistes français de l'expédition de Baudin ont observé le même fait sur la côte sud-ouest de l'Australie. Le Rév. W. B. Clarke (2) trouve au cap de Bonne-Espérance des preuves du soulèvement de la région à une hauteur de 400 pieds. Dans les environs de Bay of Islands à la Nouvelle-Zélande (3) j'ai observé que, comme

(1) Il semble que certains changements s'opèrent actuellement à Ralph Bay, car un fermier des environs, homme fort intelligent, m'a affirmé que les huîtres y abondaient autrefois, mais qu'elles ont disparu vers l'année 1834 sans cause apparente. Dans les *Transactions of the Maryland Academie* (vol. I, 1re part.., p. 28) se trouve une note de M. Ducatel sur la destruction de vastes bancs d'huîtres et de cames par le comblement graduel des lagunes à faible profondeur et des canaux sur les côtes des États-Unis méridionaux. A Chiloe, dans l'Amérique du Sud, j'ai entendu parler d'une perte semblable subie par les habitants par la disparition d'une espèce comestible d'ascidie sur une partie de la côte.

(2) *Proceedings of the Geological Society*, vol. III, p. 420.

(3) Voici la liste des roches que j'ai rencontrées dans la Bay of Islands à la Nouvelle-Zélande : 1° Une grande quantité de lave basaltique et de roches scoriacées, formant des cratères distincts; — 2° une colline crénelée formée de couches horizontales de calcaire couleur de chair, offrant dans la cassure des facettes cristallines nettes; la pluie a exercé une action remarquable sur cette roche, et a raviné sa surface de manière à la transformer en un modèle réduit d'une région alpestre. J'ai observé en cet endroit des bancs de chert et de limonite argileuse, et dans le lit d'un ruisseau des galets de phyllade argileux : — 3° les rivages de Bay of Islands sont formés d'une roche feldspathique gris bleuâtre, souvent fort altérée, à cassure anguleuse, et sillonnée de nombreuses veines ferrugineuses, mais sans

à la Terre Van Diemen, les rivages étaient parsemés, jusqu'à une certaine hauteur, de coquilles marines dont les colons attribuent la présence aux indigènes. Quelle que puisse être l'origine de ces coquilles, je ne puis douter, après avoir vu une coupe de la vallée de la Thames (37° S) dessinée par le Rév. W. Williams, que la contrée ait été soulevée en cet endroit. Trois terrasses disposées en gradins et formées d'une accumulation énorme de cailloux arrondis, se correspondent exactement sur les versants opposés de cette grande vallée; chaque terrasse a environ 5o pieds de hauteur. Quand on a étudié les terrasses que présentent les vallées des côtes occidentales de l'Amérique du Sud, parsemées de coquilles marines et formées pendant les intervalles de repos qu'a présentés le soulèvement lent de la contrée, on ne saurait douter que les terrasses de la Nouvelle-Zélande aient été formées de la même manière. J'ajoute que le Dr Diffenbach rapporte dans sa description des îles Chatam (1) (au sud-ouest de la Nouvelle-Zélande) qu'il est manifeste « que la mer a laissé à découvert bien des contrées, autrefois submergées ».

KING GEORGE'S SOUND

Cet établissement colonial est situé à l'angle sud-ouest du continent australien : la contrée entière est granitique et les minéraux constitutifs de la roche sont parfois irrégulièrement disposés en zones droites ou courbes. De Humboldt aurait donné le nom de granite

stratification ou clivage distincts. Certaines variétés sont très cristallines et pourraient être rapportées sans hésitation au trapp; d'autres variétés ressemblent d'une manière frappante à un schiste ardoisier faiblement modifié par la chaleur, je n'ai pu m'arrêter à une opinion définitive sur cette formation.

(1) *Geographical Journal*, vol. XI, pp. 2o2, 2o5.

gneissique à la roche présentant cette particularité. Il
est intéressant de constater que les collines dénudées et
coniques, qui paraissent être formées par des couches
à grands plis, ressemblent en petit d'une manière frappante aux collines de granite gneissique de Rio-de-
Janeiro, et à celles du Vénézuéla qui ont été décrites par
de Humboldt. Ces roches plutoniques sont coupées, en
un grand nombre d'endroits, par des dikes de trapp, j'ai
trouvé en un même point dix dikes parallèles s'étendant
de l'est à l'ouest, et non loin de là un système de huit
dikes, formés d'une autre variété de trapp et disposés
dans une direction perpendiculaire à celle des premiers.
J'ai observé en plusieurs régions formées de roches primaires des systèmes de dikes parallèles et rapprochés
les uns des autres.

Bancs ferrugineux superficiels. — Les parties basses
de la contrée sont uniformément recouvertes d'un banc
de grès qui suit les inégalités de la surface, à structure
cloisonnée comme un rayon de miel, et où abondent les
oxydes de fer. Je crois que des bancs d'une composition à peu près semblable se rencontrent communément
le long de toute la côte ouest de l'Australie et dans plusieurs des îles des Indes Orientales. Au cap de Bonne-
Espérance, à la base des montagnes de granite surmontées de grès, le sol est recouvert partout soit d'une masse
ocreuse formée de petits fragments à grain fin comme
celle de King George's Sound, soit d'un grès plus grossier avec fragments de quartz, qu'une forte proportion
d'hydrate de fer rend dur et lourd, et dont la cassure
fraîche présente un éclat métallique. Dans ces deux variétés la roche possède une texture fort irrégulière et
renferme des cavités arrondies ou anguleuses remplies
de sable, de sorte que la surface est toujours cloisonnée.
L'oxyde de fer est surtout abondant sur les parois des
cavités, et c'est là seulement qu'il offre une cassure métallique. Il est évident que dans cette formation, comme

dans un grand nombre de dépôts sédimentaires véritables
le fer tend à se concrétionner, soit en affectant une structure géodique, soit en prenant une disposition rétiforme.
Bien qu'elle soit fort obscure, l'origine de ces bancs superficiels paraît due à une action alluviale s'exerçant sur
des détritus riches en fer.

Dépôt calcareux superficiel. — Un dépôt calcaire qui
se trouve au sommet de Bald-Head et qui contient des
corps ramifiés considérés par certains auteurs comme
des coraux, est devenu célèbre par les descriptions de
plusieurs explorateurs distingués (1). Ce dépôt entoure
et recouvre de petites éminences irrégulières de granite, à l'altitude de 600 pieds au-dessus du niveau de
la mer. Son épaisseur est fort variable ; là où il est
stratifié, les bancs sont souvent fortement inclinés,
et leur angle atteint parfois 30° ; ils plongent dans
toutes les directions. Ces bancs sont coupés quelquefois
par des feuillets obliques à faces planes. Le dépôt consiste soit en une poudre calcareuse blanche et fine où
l'on ne discerne aucune trace de structure, soit en grains
arrondis excessivement petits, de couleur brune, jaunâtre
ou pourprée ; les deux variétés sont généralement, sinon
toujours, mêlées de petites particules de quartz, et
cimentées de manière à constituer une pierre plus ou
moins compacte. Les grains calcareux arrondis perdent
instantanément leurs couleurs quand on les chauffe légèrement ; sous ce rapport comme sous tous les autres ils
ressemblent beaucoup aux petits fragments réguliers de
coquilles et de coraux qui ont été transportés sur les
flancs des montagnes à Sainte-Hélène, et ont été ainsi
débarrassés par vannage de tout fragment plus grossier.
Je ne doute pas que les particules calcaires colorées

(1) J'ai visité cette colline avec le capitaine Fitz-Roy, et nous
sommes arrivés tous les deux à la même conclusion au sujet de
ces corps ramifiés.

aient eu ici une origine semblable. La poussière impalpable provient probablement de la destruction des particules arrondies, et cette interprétation est plausible, car sur la côte du Pérou j'ai suivi le passage graduel de *grandes* coquilles *non brisées* à une substance aussi fine que de la craie réduite en poudre. Les deux variétés de grès calcareux mentionnées plus haut alternent fréquemment avec des couches minces d'une roche substalagmitique (1) et se fondent avec elle ; cette substance est entièrement dépourvue de quartz, même lorsque la roche qui se trouve en contact avec chacune de ses faces contient des particules de ce minéral ; nous devons en conclure que ces couches, comme certaines masses en forme de veines, sont dues à l'action de la pluie qui a dissous

(1) J'adopte ce terme d'après l'excellent travail du lieutenant Nelson sur les îles Bermudes (*Geolog. Transactions*, vol. V, p. 106) pour la pierre dure, compacte, de couleur crème ou brune, sans aucune structure cristalline, qui accompagne si souvent les accumulations calcaires superficielles. J'ai observé des bancs superficiels semblables recouverts de roche substalagmitique au cap de Bonne-Espérance, dans plusieurs parties du Chili et sur de grandes étendues à la Plata et en Patagonie. Quelques-uns de ces bancs ont été formés par la destruction de coquilles, mais l'origine du plus grand nombre d'entre eux est fort obscure. Je pense que l'on ne connaît pas les causes pour lesquelles l'eau dissout du calcaire et le redépose peu après. La surface des couches substalagmitiques paraît être toujours érodée par l'eau des pluies. Comme toutes les contrées mentionnées plus haut jouissent d'une saison sèche fort longue en comparaison de la saison pluvieuse, j'aurais cru que la présence des calcaires substalagmitiques était en rapport avec le climat si le lieutenant Nelson n'avait pas découvert cette substance en voie de formation sous la mer. Les coquilles décomposées paraissent extrêmement solubles ; j'en ai trouvé une excellente preuve en observant une roche curieuse de Coquimbo au Chili qui était formée de petites carapaces vides et translucides cimentées. L'examen d'une série d'échantillons montrait clairement que ces carapaces avaient contenu primitivement de petits fragments arrondis de coquilles, cimentés et enveloppés par une matière calcaire (comme cela se produit fréquemment sur le rivage de la mer) et ensuite décomposés et dissous dans l'eau qui doit avoir traversé les enveloppes calcaires sans les attaquer. — On pouvait observer toutes les phases de ce phénomène.

la matière calcaire et l'a déposée ensuite, ainsi que cela s'est produit à Sainte-Hélène. Chaque couche marque probablement une surface fraîchement mise à nu à l'époque où les particules aujourd'hui solidement cimentées étaient à l'état de sable incohérent. La roche de ces couches est parfois bréchiforme avec fragments recimentés, comme si elle avait été brisée par suite de la disparition du sable à un moment où elle était encore tendre. Je n'ai pas trouvé un seul fragment de coquille marine, mais les coquilles blanchies d'*Helix melo*, espèce terrestre vivante, abondent dans toutes les couches, et j'ai trouvé aussi un autre Helix et un Oniscus.

La forme des branches est absolument semblable à celle des tiges brisées et droites d'un buisson ; leurs racines sont souvent à découvert et l'on voit qu'elles divergent dans tous les sens ; çà et là une branche gît abattue. Les branches sont généralement formées de grès plus dur que la matière environnante, et leur partie centrale est remplie de matière calcaire friable ou d'une variété substalagmitique de cette roche ; cette partie centrale est souvent aussi pénétrée de crevasses linéaires contenant parfois, mais rarement, une trace de matière ligneuse. Ces corps calcareux ramifiés paraissent avoir été formés par une matière calcaire fine entraînée par l'eau dans les moules ou cavités produits par la destruction de branches et de racines de buissons qui ont été ensevelis sous le sable accumulé par le vent. La surface entière de la colline se désagrège aujourd'hui, et il en résulte que les moules, qui sont durs et compacts, résistent mieux et font saillie au dehors. Au cap de Bonne-Espérance j'ai trouvé dans le sable calcareux les moules décrits par Abel entièrement semblables à ceux de Bald-Head ; mais leur partie centrale est souvent remplie d'une matière charbonneuse noire non encore éliminée. Il n'est pas étonnant que la matière ligneuse ait été presque entièrement éliminée des moules de Bald-Head, car plusieurs siècles doivent certainement s'être écoulés depuis l'époque où les buissons ont été ensevelis. Par suite de la forme et de la hauteur de cet étroit promontoire il ne s'y accumule pas de sable actuellement, et la surface entière subit une érosion active comme je l'ai fait observer. Nous devons donc rapporter à une époque où l'altitude de la contrée était plus faible, l'amoncellement des sables calcareux et quartzeux au sommet de Bald-Head et l'ensevelissement des débris végétaux qui en a été la suite. Les naturalistes français (1) ont établi la réalité de ce fait par des coquilles soulevées appartenant à des espèces récentes. Une seule circonstance m'avait d'abord inspiré des doutes sur l'origine des moules, c'est que les racines les plus fines appartenant à des souches différentes s'unissaient parfois pour former des feuillets ou des veines verticales: mais cette circonstance ne constitue pas une objection sérieuse, si l'on se rappelle la manière dont ces radicelles remplissent souvent les crevasses formées dans une terre dure, et si l'on considère que ces racines se détruiront et laisseront des cavités aux endroits qu'elles occupaient, tout comme les souches. Outre les branches calcareuses du cap de Bonne-Espérance, j'ai vu des moules présentant des formes identiques et provenant de Madère (2) et des Bermudes; dans ces dernières îles.

(1) Voir Péron, *Voyage*, t. I, p. 204.

(2) Le Dr J. Macaulay a donné une description complète des moules de Madère (*Edinb. New Phil. Jour.*, vol. XXIX, p. 350). Il considère ces corps comme des coraux (s'écartant ainsi de l'opinion de M. Smith de Jordan Hill) et le dépôt calcaire comme d'origine sous-marine. Les remarques qu'il fait relativement à la structure de ces corps sont peu précises. Ses arguments s'appuient principalement sur l'abondance de la matière calcareuse et sur le fait que les moules renferment une matière d'origine animale dont la présence est démontrée par l'ammoniaque qu'ils dégagent. Si le Dr Macaulay avait vu les masses énormes de fragments de coquilles roulés qui se trouvent sur le rivage de l'île de l'Ascension et surtout sur les récifs coralliens, et s'il avait songé aux effets que l'action longtemps prolongée de vents

à en juger d'après les spécimens rassemblés par le lieutenant Nelson, les roches calcaires environnantes sont analogues à celles du Cap et d'origine subaérienne. Si l'on tient compte de la stratification des dépôts de Bald-Head, — des couches de roche substalagmitique qui alternent irrégulièrement, — des particules arrondies et de dimension uniforme provenant probablement de coquilles marines et de coraux, — de l'abondance des coquilles terrestres dans toute la masse, — et enfin de la ressemblance absolue des moules calcaires avec les souches, les racines et les branches des végétaux qui peuvent croître sur des collines de sable, je crois, malgré l'opinion différente de certains auteurs, que l'on ne peut mettre raisonnablement en doute la vérité de la théorie que je viens d'exposer sur leur origine.

Des dépôts calcaires semblables à ceux de King George's Sound occupent une vaste surface sur les côtes de l'Australie. Le Dr Fitton fait remarquer que « pendant le voyage de Baudin on a trouvé une brèche calcaire récente (terme par lequel il désigne tous ces dépôts) sur un espace qui ne mesure pas moins de 25° en latitude et une largeur égale en longitude, sur les côtes sud, ouest et nord-ouest » (1). Suivant M. Péron, dont

modérés peut produire par l'amoncellement de particules fines, il aurait hésité à produire l'argument relatif à la quantité de matière, qui est rarement admissible en géologie. Si la matière calcaire provient de la décomposition de coquilles et de coraux, il fallait s'attendre à la présence de matière organique. M. Anderson a analysé un fragment de moule pour le Dr Macaulay et il a trouvé qu'il était composé comme suit :

Carbonate de chaux.	73,15
Silice	11,90
Phosphate de chaux	8,81
Matière organique.	4,25
Sulfate de chaux	trace.
	98,11

(1) Pour des détails plus complets sur cette formation, voir *Appendix to the Voyage of capitain King* par le Dr Fitton.

les observations et les opinions sur l'origine de la
matière calcaire et des moules ramifiés concordent parfaitement avec les miennes, il paraît que le dépôt est
généralement beaucoup plus continu qu'aux environs
de King George's Sound. L'archidiacre Scott (1) rapporte
qu'à Swan River le dépôt s'étend, en un point, à 10 milles
dans l'intérieur des terres. En outre, le capitaine Winck-
ham m'a raconté que, pendant sa dernière inspection
de la côte occidentale, il a observé qu'en tous les points
où le navire jetait l'ancre le fond de la mer était formé
d'une matière calcaire blanche, ainsi qu'il s'en est assuré
en faisant descendre au fond des pinces en fer. Il semble
donc que le long de cette côte, comme aux Bermudes
et à l'Atoll Keeling, il se forme simultanément des dépôts
sous-marins et subaériens qui se produisent par la
désintégration d'organismes marins. L'étendue de ces
dépôts est très remarquable eu égard à leur origine, et
on ne peut les comparer sous ce rapport qu'aux grands
récifs coralliens de l'océan Indien et du Pacifique. Dans
d'autres parties du monde, dans l'Amérique du Sud par
exemple, il existe des dépôts calcareux *superficiels* d'une
grande étendue, dans lesquels on ne peut découvrir
aucune trace de structure organique. Ces observations
stimuleront peut-être les recherches quant à savoir si
les dépôts de cette nature ne pourraient pas être formés
aussi par des débris de coquilles et de coraux.

Le Dr Fitton est porté à attribuer une origine concrétionnaire aux corps ramifiés; je ferai observer que j'ai vu à la Plata,
dans des lits de sable, des tiges cylindriques qui avaient incontestablement cette origine, mais elles différaient beaucoup par
leur aspect des tiges de Bald-Head et des autres localités citées
plus haut.

(1) *Proceedings of the Geological Society*, vol. I, p. 320.

CAP DE BONNE-ESPÉRANCE

Après les descriptions géologiques de cette région
données par Barrow, Carmichael, Basile Hall et W.-B.
Clarke, je puis me borner à quelques observations sur
le contact des trois formations principales. La roche fondamentale est le granite (1); il est surmonté de phyllade argileux, généralement dur et luisant par suite de
la présence de petites paillettes de mica ; le phyllade
alterne avec des couches d'une roche feldspathique à
structure phylladeuse, faiblement cristalline, et passe à
cette roche. Ce phyllade argileux est remarquable parce
qu'à certains endroits (comme à Lion's Rump) il est décomposé jusqu'à une profondeur de vingt pieds, et transformé en une roche grésiforme de couleur pâle, que certains observateurs ont prise erronément, je crois, pour
une formation distincte. Le Dr Andrew Smith m'a conduit
à Green-Point où l'on voit un beau contact entre le granite et le phyllade argileux ; ce dernier devient un peu
plus dur et plus cristallin à un quart de mille du point où
le granite apparaît sur la plage(mais le granite est probablement beaucoup plus rapproché en sous-sol). A une
distance plus faible quelques-uns des bancs de phyllade
argileux présentent une texture homogène et sont striés de

(1) En plusieurs endroits j'ai observé dans le granite de petites
sphères à couleur sombre composées de minuscules paillettes de
mica noir, dans une pâte très résistante. En un autre point j'ai rencontré des cristaux de tourmaline noire rayonnant autour d'un
centre commun. Le Dr Andrew Smith a découvert dans l'intérieur du pays de beaux spécimens de granite, avec du mica
blanc d'argent rayonnant ou plutôt ramifié comme de la mousse
autour de points centraux. Il existe dans les collections de la
Société Géologique des échantillons de granite avec du feldspath
cristallisé et radié de la même manière.

zones peu distinctes de couleurs différentes, tandis que
d'autres bancs offrent des taches mal définies. A 100
yards environ de la première veine de granite, le phyllade argileux commence à présenter différentes variétés,
les unes sont compactes et d'une teinte pourpre, d'autres
brillantes avec de nombreuses petites paillettes de mica
et du feldspath imparfaitement cristallisé; quelques-unes
sont vaguement grenues, d'autres porphyriques avec de
petites taches allongées d'un minéral blanc, tendre et
facilement attaquable, ce qui donne à cette variété un
aspect vésiculaire. Tout près du granite le phyllade argileux est transformé en une roche feuilletée de couleur
sombre dont la cassure est rendue grenue par la présence
de cristaux imparfaits de feldspath recouverts de petites
paillettes brillantes de mica.

La ligne de contact actuelle entre la région granitique
et la région du phyllade argileux s'étend sur une longueur d'environ 200 yards, et consiste en masses irrégulières et en nombreux dikes de granite enchevêtrés
dans le phyllade argileux et entourés par cette dernière
roche; la plupart des dikes sont dirigés du N.-W. au S.-E.
suivant une ligne parallèle à la schistosité des phyllades.
Lorsqu'on s'éloigne du point de contact, on ne voit plus
que de minces lits et plus loin que de simples pellicules
de phyllade argileux altéré, entièrement isolées, comme
si elles flottaient dans le granite grossièrement cristallisé; mais, quoique complètement isolées, elles conservent toutes des traces de la schistosité dirigée N.-W.-S.-E.
Ce fait a été observé dans d'autres cas du même genre
et a été cité par des géologues éminents (1), comme
constituant une grave objection à la théorie, généralement admise, suivant laquelle le granite a été injecté à
l'état liquide; mais, si nous songeons à l'état que doit
vraisemblablement présenter la surface inférieure d'une

____

(1) Voir le travail de M. Keilhau « *Theory on Granite* », dans
l'*Edinburgh New Philosophical Journal*, vol. XXIV, p. 402.

masse feuilletée comme le phyllade argileux, après qu'elle a été violemment ployée en arche par un amas de granite fondu, nous pouvons admettre qu'elle doit être pleine de fissures parallèles aux plans de la schistosité, et que ces fissures doivent s'être remplies de granite, de sorte que, partout où les fissures étaient rapprochées les unes des autres, de simples couches en forme de cloison ou des coins de phyllade resteront comme suspendus dans le granite. Par conséquent, si, plus tard, la masse rocheuse entière se désagrège et est enlevée par dénudation, les extrémités inférieures de ces masses subordonnées ou de ces coins de phyllade demeureront entièrement isolées dans le granite, elles conserveront cependant leurs plans de schistosité propres parce qu'elles ont fait partie d'un revêtement continu de phyllade argileux à l'époque où le granite était liquide.

En suivant avec le Dr A. Smith la ligne de contact entre le granite et le phyllade qui s'étend vers l'intérieur du pays dans la direction du S.-E., nous arrivâmes à un endroit où le phyllade était transformé en un gneiss à grain fin parfaitement caractérisé, composé de feldspath grenu brun jaunâtre, d'une grande quantité de mica noir brillant, et de quelques couches minces de quartz. Nous devons conclure de l'abondance du mica dans ce gneiss comparée à la faible proportion qui s'en trouve dans le phyllade luisant, et de l'extrême petitesse de ses paillettes, qu'il a été formé ici par action métamorphique, — fait qui a été mis en doute par certains auteurs, dans des circonstances à peu près identiques. Les feuillets du phyllade argileux sont droits, et il était intéressant d'observer que, quand ils prenaient le caractère gneissique, ils devenaient onduleux et quelques-uns des plus petits plis étaient anguleux, comme c'est le cas pour les feuillets d'un grand nombre de schistes métamorphiques.

Formation de grès. — Cette formation constitue le trait le plus saillant de la géologie de l'Afrique australe.

Les couches sont horizontales en un grand nombre de localités, et atteignent une puissance de 2.000 pieds environ. Le caractère du grès varie ; la roche contient peu de matière terreuse, mais elle est souvent tachetée par du fer ; certains bancs ont le grain très fin et sont tout à fait blancs ; d'autres sont aussi compacts et aussi homogènes que du quartzite. En certains endroits j'ai observé une brèche de quartz dont les fragments étaient presque entièrement fondus dans une pâte siliceuse. Il existe des veines de quartz larges et très nombreuses qui renferment souvent de grands cristaux parfaitement développés, et il est évident que dans presque toutes les couches une quantité importante de silice s'est déposée par solution. Parmi ces variétés de quartzite, la plupart offrent exactement l'aspect de roches métamorphiques ; mais, comme les couches supérieures sont aussi siliceuses que celles de la base et que les contacts avec le granite sont tout à fait normaux dans tous les points que j'ai pu observer, il me semble difficile de croire que ces couches de grès aient été exposées à l'action de la chaleur (1). J'ai constaté en plusieurs points, sur les lignes de contact entre ces deux grandes formation, que le granite était décomposé à la profondeur de quelques pouces et qu'il était remplacé soit par une mince couche d'un schiste ferrugineux, soit par une couche, épaisse de 4 ou 5 pouces, constituée par les cristaux du granite recimentés et sur laquelle reposait immédiatement la grande masse de grès.

M. Schomburgh a décrit (2) une grande formation de grès du Brésil septentrional qui repose sur le granite et ressemble d'une manière remarquable, sous le rapport

(1) Le Rev. W.-B. Clarke affirme cependant, à ma grande surprise (*Geological Proceedings*, vol. III, p. 422), qu'en certains endroits le grès est traversé par des dikes granitiques ; ces dikes doivent appartenir à une période bien postérieure à celle où le granite fondu réagissait sur le phyllade argileux.

(2) *Geographical Journal*, vol. X, p. 246.

de la composition et sous celui de la forme extérieure
de la contrée, à cette formation du cap de Bonne-
Espérance. Les grès des grands plateaux de l'Australie
orientale, qui reposent aussi sur le granite, diffèrent de
ceux dont nous venons de parler parce qu'ils sont moins
siliceux. On n'a pas découvert de fossiles dans ces trois
vastes dépôts. J'ajoute enfin que je n'ai vu aucun caillou
roulé provenant de roches amenées d'une grande distance au cap de Bonne-Espérance, sur les côtes orientales
et occidentales de l'Australie, ni à la Terre Van Diemen.
Dans l'île septentrionale de la Nouvelle-Zélande j'ai
observé de grands blocs de *greenstone*, mais je n'ai
pas eu l'occasion de déterminer si la roche dont ils
avaient été détachés se trouvait à une grande distance
de ce point.

APPENDICE

DESCRIPTION DE COQUILLES FOSSILES

Par G.-B. SOWERBY, Esq. F. L. S.

Coquilles provenant d'un dépôt tertiaire situé au-dessous d'une grande coulée basaltique à San Thiago dans l'archipel du Cap Vert, et mentionné à la page 5 de ce volume.

1. — Littorina Planaxis, G. Sowerby.

Testâ subovatâ, crassâ, lœvigatâ, anfractibus quatuor, spiraliter striatis ; aperturâ subovatâ ; labio columellari infimâque parte anfractûs ultimi planatis : long. o.6. lat. o,45, poll.

Cette coquille a la taille et à peu près la forme d'un petit bigorneau ; elle en diffère essentiellement cependant, parce que la partie inférieure de la dernière spire et la lèvre columellaire sont coupées et aplaties, comme dans les *Purpurées*. Parmi les coquilles récentes de la même localité il y en a une qui ressemble beaucoup à celle-ci, et qui lui est peut-être identique, mais c'est une coquille très jeune, de sorte qu'elle ne se prête pas à une comparaison minutieuse.

2. — **Cerithium Æmulum**, G. Sowerby.

Testâ oblongo-turritâ, subventricosâ, apice subulato, anfractibus decem leviter spiraliter striatis, primis serie unicâ tuberculorum instructis, intermediis irregulariter obsolete tuberculiferis, ultimo longe majori absque tuberculis, sulcis duobus fere basalibus instructo : labii externi margine interno intùs crenulato : long. 1,8; lat. 0,7, poll.

Cette espèce ressemble tellement à l'une des coquilles réunies par Lamarck sous le nom de Cerithium Vertagus, qu'à première vue je croyais pouvoir l'identifier avec cette dernière coquille, mais elle s'en distingue facilement parce qu'elle n'offre pas, au centre de la columelle, le pli qui est si remarquable dans l'espèce de Lamarck. Il n'y en avait qu'un seul exemplaire, et la partie inférieure de la lèvre externe lui manquait, de sorte qu'il est impossible de décrire la forme de la bouche.

3. — **Venus Simulans**, G. Sowerby.

Testâ rotundatâ, ventricosâ, lœviusculâ, crassâ ; costis obtusis, latiusculis, concentricis, antice posticeque tuberculatim solutis ; areâ cardinali posticâ alteræ valvæ latiusculâ ; impressione subumbonali posticâ circulari : long. 1,8, lat. 1,5, poll.

Coquille à caractères intermédiaires, se plaçant entre la *Venus verrucosa* de la Manche et la *V. rosalina Rang.* de la côte occidentale d'Afrique, mais qui se distingue suffisamment de ces deux espèces par ses côtes concentriques larges et obtuses, divisées en tubercules tant en avant qu'en arrière. Sa forme est aussi plus arrondie que celle de ces deux espèces.

Les coquilles suivantes, provenant de la même couche, sont connues comme espèces récentes, pour autant qu'on puisse les déterminer.

4. — **Purpura Fucus.**
5. — **Amphidesma australe,** Sowerby.
6. — **Conus venulatus,** Lam.
7. — **Fissurella coarctata,** King.
8. — **Perna.** Deux valves dépareillées, en si mauvais état qu'on ne saurait les déterminer.
9. — **Ostrea cornucopiæ,** Lam.
10. — **Arca ovata,** Lam.
11. — **Patella nigrita,** Budgin.
12. — **Turritella bicingulata?** Lam.
13. — **Strombus.** Trop usé et trop mutilé pour être déterminable.
14. — **Hipponyx radiata,** Gray.
15. — **Natica uber,** Valenciennes.
16. — **Pecten.** Ressemble par sa forme à *P. opercularis*, mais s'en distingue par divers caractères. Il n'y en a qu'une seule valve, de sorte que je n'ai pas les garanties nécessaires pour pouvoir le décrire.
17. — **Pupa subdiaphana,** King.
18. — **Trochus.** Indéterminable.

COQUILLES TERRESTRES FOSSILES DE SAINTE-HÉLÈNE

Les six espèces suivantes ont été trouvées ensemble à la partie inférieure d'un lit épais de terre végétale; les deux dernières espèces, c'est-à-dire le *Cochlogena fossilis* et l'*Helix biplicata*, ont été trouvées dans un grès calcareux très récent, avec une espèce du genre *Succinea* vivant actuellement dans l'île. Ces coquilles sont mentionnées à la page 108 de ce volume.

1. — **Cochlogena Auris-Vulpina**, De Fer.

Cette espèce est bien décrite et figurée fort exactement
dans le onzième volume de l'ouvrage de Martini et Chemnitz. Chemnitz exprime des doutes quant au genre auquel il convient de la rapporter, et l'avis fortement motivé
que cette coquille ne doit pas être considérée comme
terrestre. Les spécimens dont il disposait avaient été
achetés dans une vente publique à Hambourg, où ils
avaient été envoyés par feu G. Humphrey, qui paraît
avoir fort bien connu leur véritable provenance, et qui
les a vendues pour des coquilles terrestres. Chemnitz
cite cependant un spécimen de la collection de Spengler
qui était en meilleur état que les siens, et passait pour
provenir de Chine. La figure qu'il a donnée est prise
d'après cet individu, qui me semble être simplement un
spécimen nettoyé de la coquille de Sainte-Hélène. On
comprend facilement qu'après avoir passé par deux ou
trois mains une coquille originaire de Sainte-Hélène
puisse avoir été vendue comme provenant de Chine,
soit fortuitement, soit dans un but intéressé. Je crois
qu'il est impossible qu'une coquille appartenant à cette
espèce puisse avoir été réellement trouvée en Chine ; et
je n'en ai jamais vu une seule parmi la quantité immense
de coquilles qui nous arrivent du Céleste-Empire. Chemnitz n'a pu se décider à établir un nouveau genre pour
cette remarquable coquille, quoiqu'il ne pût évidemment
l'assimiler à aucun des genres connus à cette époque ;
et bien qu'il ne la considérât pas comme terrestre, il lui
donna le nom d'*Auris Vulpina*. Lamarck en a fait la seconde espèce de son genre *Struthiolaria*, sous le nom de
Crenulata. Elle ne présente cependant aucune affinité
avec ce genre ; et on ne saurait concevoir de doutes sur
l'exactitude des idées de De Ferussac, qui place cette
coquille dans la quatrième division de son genre *Cochlo-*

gena; Lamarck se serait montré conséquent avec ses propres principes s'il l'avait placée parmi ses *Auriculæ*. Cette espèce présente une variété qui peut être caractérisée comme suit:

Cochlogena auris-vulpina, Var.

Testâ subpyramidali, aperturâ breviori, labio tenuiori: long. 1,68, *aperturæ* 0,77, *lat.* 0,86, *poll.*

OBSERVATIONS. — Les proportions diffèrent ici de celles de la variété ordinaire, qui sont : longueur 1,65, longueur de la bouche 1, largeur 0,96 pouces. Faisons observer que toutes les coquilles de cette variété provenaient d'une autre partie de l'île que les spécimens cités en premier lieu.

2. — Cochlogena fossilis, G. Sowerby.

Testâ oblongâ, crassiusculâ, spirâ subacuminatâ, obtusâ, anfractibus senis, subventricosis, leviter striatis, suturâ profunde impressâ; aperturâ subovatâ; peritremate continuo, subincrassato; umbilico parvo: long. 0,8, *lat.* 0,37, *poll.*

Cette espèce a la taille de *C. Guadaloupensis*, mais s'en distingue facilement par la forme des spires et parce que la suture est profondément marquée. Les proportions varient un peu pour les divers spécimens. Cette espèce n'a pas été trouvée par M. Darwin, mais provient de la collection de la Société géologique.

1. — **Cochlicopa subplicata**, G. Sowerby.

Testâ oblongâ, subacuminato-pyramidali, apice obtuso, anfractibus novem lœvibus, postice subplicatis, suturâ crenulatâ; aperturâ ovatâ, postice acutâ, labio externo tenui; columellâ obsolete subtruncatâ; umbilico minimo : long. 0,93, lat. 0,28, poll.

Cette espèce et la suivante sont rangées dans le sous-genre Cochlicopa de De Ferussac, parce qu'elles se rapprochent beaucoup de sa *Cochlicopa Folliculus*. Elles en sont cependant toutes les deux parfaitement distinctes au point de vue spécifique, car elles sont beaucoup plus grandes que *C. Folliculus* et ne sont pas brillantes et lisses comme cette dernière coquille que l'on trouve dans le Midi de l'Europe et à Madère. On a trouvé quelques coquilles très jeunes et un œuf qui appartiennent, je pense, à cette espèce.

2. — **Cochlicopa terebellum**, G. Sowerby.

Testâ oblongâ, cylindrâceo-pyramidali, apice obtusiusculo, anfractibus septenis, lœvibus ; suturâ postice crenulatâ; aperturâ ovali, postice acutâ, labio externo tenui; antice declivi; columellâ obsolete truncatâ, umbilico minimo : long. 0,77, lat. 0,25, poll.

Cette espèce diffère de la précédente parce que sa forme est plus cylindrique, et qu'à l'état de développement complet elle est presque entièrement débarrassée des plis obtus des spires postérieures ; elle s'en distingue aussi par la forme de la bouche. Dans cette espèce les jeunes coquilles sont striées longitudinalement et elles présentent quelques plis longitudinaux fortement usés.

1. — **Helix Bilamellata**, G. Sowerby.

Testâ orbiculato-depressâ, spirâ planâ, anfractibus senis, ultimo subtus ventricoso, superne angulari ; umbilico parvo ; aperturâ semilunari, superne extus angulatâ, labio externo tenui ; interno plicis duabus spiralibus, posticâ majori : long. o, 15, lat. o, 33, poll.

Les jeunes coquilles de cette espèce ont des proportions très différentes de celles dont nous avons parlé plus haut, car leur axe est presque égal à leur longueur. Le plus grand spécimen est blanc avec des raies irrégulières couleur de rouille. Cette espèce s'écarte beaucoup de toutes les espèces récentes que nous connaissions, quoiqu'elle semble avoir quelque analogie avec plusieurs d'entre elles, telles que *Helix epistylium* ou *Cookiana*, et *H. gularis* ; pourtant, dans ces deux espèces, les plis spiraux internes sont placés sur la face interne de la paroi externe de la coquille, et non sur la lame interne comme chez l'*Helix bilamellata*. Il existe une autre espèce récente assez analogue à celle-ci ; elle n'a pas encore été décrite et diffère de *Bilamellata* et de *Cookiana* parce qu'elle possède quatre plis spiraux internes dont deux sont placés sur la face interne de la paroi extérieure, et deux sur la paroi interne de la coquille ; elle a été rapportée de Tahiti par le *Beagle*.

2. — **Helix polyodon**, G. Sowerby.

Testâ orbiculato-subdepressâ, anfractibus sex, rotundatis, striatis ; aperturâ semilunari, labio interno, plicis tribus spiralibus, posticis gradatim majoribus, externo intus dentibus quinque instructo ; umbilico mediocri ; long. 0,07, lat. 0,15, poll.

Cette espèce se rapproche plus ou moins de *Helix contorta* de De Ferussac, Moll. terr. et fluv. Pl. 51. A, fig. 2 ; mais en diffère par plusieurs détails.

3. — Helix spurca, G. Sowerby.

Testá suborbiculari, spirá subconoïdeá, obtusá; anfractibus quatuor tumidis, substriatis ; aperturá magná, peritremate tenui; umbilico parvo, profundo ; long. 0,1, lat. 0,13, poll.

Se distingue facilement de l'*Helix polyodon* par sa bouche large et dépourvue de dents.

4. — Helix biplicata, G. Sowerby.

Testá orbiculato-depressá, anfractibus quinque rotundatis, striatis ; aperturá semilunari, labio interno, plicis duobus spiralibus, posticá majori ; umbilico magno; long. 0,04, lat. 0,1, poll.

Cette espèce doit être considérée à cause de sa forme, comme parfaitement distincte de *Helix bilamellata* ; l'ombilic est beaucoup plus grand, le sommet n'est pas aplati, et le bord postérieur de chaque spire n'est pas anguleux. Il convient de rapporter à cette espèce des spécimens qu'on a trouvés associés aux espèces précédentes et à *Cœlogena fossilis* qui est, à son tour, associée à une Succinée actuellement vivante, dans le grès calcarifère moderne.

COQUILLES PALÉOZOIQUES DE LA TERRE VAN DIEMEN

(Mentionnées à la page 168 de ce volume).

1. — Producta rugata.

C'est probablement la même espèce que celle à laquelle Phillips a donné le nom de *Producta rugata* (Geology of Yorkshire, part. 2, pl. VII, fig. 16); mais la coquille est en trop mauvais état pour que je puisse me prononcer définitivement à ce sujet.

2. — Producta brachythærus, G. Sowerby.

Producta, testâ subtrapeziformi, compressâ, parte anticâ latiori, sub-bilobâ, posticâ angustiori, lineâ cardinali brevi.

Les caractères les plus remarquables de cette espèce sont le peu de longueur de la ligne cardinale et la largeur relativement grande de la partie antérieure de la coquille ; sa face externe est ornée de petits tubercules émoussés, disposés irrégulièrement : l'exemplaire est empâté dans un calcaire offrant la couleur grise habituelle au calcaire carbonifère. Un autre spécimen, que je suppose être une empreinte de la face interne de la valve aplatie, est empâté dans une pierre de couleur brun de rouille clair. Un troisième spécimen, probablement une empreinte de la face interne de la valve la plus profonde, se trouve dans une roche presque semblable, associée à d'autres coquilles.

1. — **Spirifera subradiata**, G. Sowerby.

Spirifera, testâ lævissimâ, parte medianâ latâ, radiis lateralibus utriusque lateris paucis, inconspicuis.

La largeur de cette coquille est, peut-on dire, plus grande que sa longueur. Les raies des surfaces latérales sont en très petit nombre et peu distinctes, et le lobe médian est d'une grandeur et d'une largeur peu communes.

2. — **Spirifera rotundata** ? Phillips: *Geology of Yorkshire*, pl. IX, fig. 17.

Quoique cette coquille ne soit pas exactement semblable à la figure citée, il serait peut-être impossible de découvrir des caractères qui l'en distinguent nettement. Notre spécimen est fortement tordu ; c'est d'ailleurs un exemple de ce genre de variations accidentelles qui montre quelle faible importance il convient d'attribuer, en certains cas, aux caractères particuliers, car les côtes radiées sont beaucoup plus nombreuses et plus serrées sur l'un des côtés d'une des valves que sur l'autre côté de cette même valve.

3. — **Spirifera trapezoïdalis**, G. Sowerby.

Spirifera, testâ subtetragonâ, medianâ parte profundâ, radiis nonnullis, subinconspicuis ; radiis lateralibus utriusque lateris septem ad octo distinctis : long. 1,5, lat. 2, poll.

Il y a deux spécimens de cette espèce empâtés dans un calcaire couleur de rouille foncée grisâtre, probablement bitumineux.

Spirifera trapezoïdalis, *var.? G. Sowerby.*

Spirifera, testâ radiis lateralibus tripartitum divisis, lineis incrementi antiqualis, cæteroquin omnino ad sp i-riferam trapezoïdalem simillima.

J'ai été porté d'abord à assimiler cette coquille à *Spirifera trapezoïdalis*, mais, en considérant que les côtes radiées sont simples à leur origine, et sachant qu'elles sont sujettes à des variations, j'ai cru qu'il valait mieux faire de ce spécimen une variété distincte.

Il y a plusieurs autres spécimens de Spirifères appartenant probablement à des espèces distinctes, mais ils consistent en de simples moules, de sorte qu'il est évidemment impossible de donner les caractères externes de ces espèces. Cependant, comme elles sont très remarquables, j'ai cru convenable de leur donner à chacune un nom et d'en faire une courte description.

4. — **Spirifera paucicostata**, G. Sowerby.

Longueur égale aux deux tiers environ de la largeur ; côtes peu nombreuses et variables.

5. — **Spirifera Vespertilio**, G. Sowerby.

Largeur dépassant le double de la longueur, côtes radiées assez larges, distinctes et peu nombreuses : surface interne postérieure couverte, dans les deux valves, de ponctuations bien distinctes.

6. — **Spirifera avicula**, G. Sowerby.

Les proportions de cette espèce sont fort remarquables, car la coquille paraît être trois fois plus large que longue ; les côtes rayonnées ne sont pas très nombreuses, et la surface interne postérieure de l'une des valves seulement (la grande valve) a été ponctuée. L'espèce ressemble par ses proportions à la *Spirifera convoluta* (1) de Phillips, mais comme notre *Spirifera avicula* n'est représentée que par un moule interne, ses proportions ne sont pas aussi anormales que celles de la *Spirifera convoluta*.

Un spécimen dont la forme naturelle a été fortement altérée par la compression, mais qui semble cependant un peu différent par ses proportions, présente non seulement le moule interne de la coquille, mais aussi l'empreinte de sa surface externe ; ses côtes rayonnées sont fort irrégulières et très nombreuses, mais il est possible que certaines d'entre elles seulement soient des côtes principales, les autres n'étant qu'interstitielles ; leur irrégularité rend cette question insoluble.

DESCRIPTION DE SIX ESPÈCES DE CORAUX

PROVENANT D'UN DÉPOT PALÉOZOIQUE DE LA TERRE VAN DIEMEN

Par W. LONSDALE, Esq. F. G. S.

1. — **Stenopora Tasmaniensis**, Sp. n. (2).

Ramifié, branches cylindriques, inclinées ou contour-

(1) *Geology of Yorkshire*, part. 2, p. IX, fig. 7.
(2) Quoique les caractères de ce genre soient inédits, il a paru

nées de diverses manières ; tubes plus ou moins divergents, bouches ovales, crêtes de subdivision portant de forts tubercules ; 1 à 2 marques du rétrécissement progressif dans chaque tube.

Ce corail ressemble par son mode général de croissance à *Calamopora* (*Stenopora ?*) *tumida* (Phillips, *Geology of Yorkshire*, part. 2, pl. 1, fig. 62), mais la forme de la bouche et d'autres détails de structure présentent de très grandes différences avec cette dernière espèce. *Stenopora Tasmaniensis* atteint des dimensions considérables, car un des spécimens mesure 4 pouces et demi de long et un demi-pouce de diamètre. Les branches considérées individuellement offrent une circonférence très uniforme, mais elles diffèrent l'une de l'autre dans un même spécimen, et il n'y a pas de mode défini de subdivision, ni de direction d'accroissement déterminée. Les extrémités sont quelquefois creuses, et un spécimen, long de 1 pouce et demi à peu près et large d'un demi-pouce, est écrasé de manière à devenir complètement plat. Dans les spécimens où ils sont le mieux visibles, les tubes offrent une longueur considérable, ils naissent presque toujours isolément sur l'axe de la branche et divergent sous un angle très faible, jusqu'à ce qu'ils parviennent tout près de la circonférence, ils se recourbent alors vers l'extérieur. Dans l'intérieur de la branche les tubes ont une section polygonale due à des pressions latérales, mais en approchant de la surface externe elle devient ovale parce que les tubes, en divergeant de plus en plus,

convenable de ne pas les donner avec tous leurs détails dans cette notice, parce qu'un fort petit nombre d'espèces seulement ont été étudiées. Le corail est essentiellement composé de simples tubes agrégés de diverses manières et rayonnant vers l'extérieur. La bouche est ronde ou oblongue, et entourée de bourrelets en relief, portant le long de la crête une rangée de tubercules. La bouche d'abord ovale est rétrécie (στενός) graduellement par une bande qui s'élève sur la paroi interne du tube et finit par la fermer.

laissent entre eux des espaces libres. Leur diamètre est toujours très uniforme, à l'exception des rétrécissements qui existent près de l'extrémité des tubes parvenus à leur développement complet. Dans l'intérieur des branches les parois étaient vraisemblablement fort minces, mais à la périphérie la matière présente une épaisseur relativement considérable. On n'a pas trouvé de traces de diaphragmes transversaux dans l'intérieur des tubes.

On rencontre rarement des exemples bien démonstratifs des modifications successives que subit l'extrémité ovale des tubes jusqu'au complet développement et à l'oblitération finale, mais on a observé les cas suivants : Quand la bouche devient libre et prend la forme ovale, les parois sont minces et tranchantes, et sont disposées perpendiculairement dans l'intérieur du tube. Elles se touchent parfois, mais d'autres fois elles sont séparées par des sillons de dimensions variables, où l'on peut découvrir de très petites ouvertures ou pores. Lorsque la bouche approche de son complet développement, les sillons sont plus ou moins complètement comblés, et les parois s'épaississent, car on peut voir le long de la crête une rangée de très petits tubercules. A cette époque la face interne du tube cesse d'être verticale, elle est tapissée intérieurement d'une bande oblique très étroite. Les bouches arrivées à leur développement complet sont séparées par une crête très prononcée, généralement simple, mais assez souvent subdivisée par un sillon; la crête, double ou simple, est surmontée d'une rangée de tubercules saillants qui sont presque en contact les uns avec les autres. On n'a observé qu'un seul exemple d'occlusion des bouches, mais il offre une preuve suffisante de l'expansion graduelle de la bande interne, avec soudure finale au centre, dont j'ai parlé plus haut. A cette phase extrême on constate une oblitération générale des détails, mais la plupart des tubercules restent distincts.

Chez cette espèce on n'observe pas, à l'intérieur des longues branches cylindriques rectilignes, de marques bien nettes d'un rétrécissement de la bouche, antérieur à la formation du tube parfait et à la contraction finale, mais près du point où les tubes se recourbent vers l'extérieur il existe une indentation annulaire qu'on peut suivre successivement d'un moule à l'autre suivant une ligne parallèle à la surface ; et entre l'étranglement saillant et la surface parfaite les parois des tubes étaient légèrement rugueuses. Dans une autre branche courte que l'on croyait appartenir à cette espèce, mais dont les tubes divergeaient très rapidement vers l'extérieur, le rétrécissement est fortement marqué, quoiqu'à des degrés variables, dans les divers tubes de ce spécimen.

La roche dans laquelle le fossile est engagé est un schiste argilo-calcarifère grossier ou un calcaire gris : on y rencontre aussi *Fenestella internata*, etc.

2. — Stenopora ovata, Sp. n.

Ramifiée, branches ovales ; tubes relativement courts, très divergents, bouches rondes ; nombreux rétrécissements ou irrégularités de développement.

Les caractères de cette espèce ont été déterminés fort imparfaitement. Les branches ne sont pas uniformément ovales, même dans un fragment unique. Les tubes divergeaient très rapidement le long de la ligne du grand axe, leur croissance dans le sens vertical était fort limitée. Leurs moules montrent une succession rapide d'irrégularités de développement. Les bouches, pour autant qu'on puisse déterminer leur forme, étaient rondes ou légèrement ovales, et les crêtes de division, garnies de tubercules, étaient aiguës ; mais, comme la surface externe n'est pas visible, on n'a pu déterminer leurs caractères exacts et les modifications subies pendant la croissance.

Le corail est empâté dans un calcaire gris-sombre.

1. — **Fenestella ampla**, Sp. n.

Cupuliforme ; surface cellulifère interne ; branches dichotomes, larges, aplaties, minces ; mailles ovales ; rangées de cellules nombreuses, rarement limitées à deux, alternantes ; connexions transversales quelquefois celluleuses ; couche interne de la surface non celluleuse très fibreuse ; couche externe très grenue, non fibreuse ; vésicule gemmulifère ? petite.

Quelques-uns des moules de ce corail offrent une ressemblance générale avec *Fenestella polypora* telle qu'elle est représentée dans Captain Portlock's *Report on the Geology of Londonderry*, pl. XXII, A, fig. 1 *a*, 1 *d* ; mais il n'y a pas de similitude de structure entre le fossile de la Terre Van Diemen et l'espèce en question telle que la donnent la planche XXII, fig. 3. du même ouvrage ou les figures originales de M. Phillips, *Geology of Yorkshire*, part. 2, pl. I, fig. 19, 20. Il existe aussi une ressemblance générale entre *Fenestella ampla* et un corail trouvé par M. Murchison dans le calcaire carbonifère de Kossatchi-Datchi sur le versant oriental de la chaîne de l'Oural, mais il y a, ici encore, une différence marquée dans les détails de structure.

Fenestella ampla atteignait des dimensions considérables ; des fragments paraissant appartenir à un spécimen unique couvraient une surface de 4 pouces et demi sur 3 pouces ; cette espèce offrait des contours très massifs, les branches avaient souvent plus d'un dixième de pouce de largeur aux points où elles se divisaient.

Une grande uniformité domine dans l'aspect général du corail, mais la largeur des branches varie parce qu'elles s'élargissent fortement au voisinage des points de bifurcation ; cependant il n'y a pas de différence marquée entre les caractères de la base et ceux de la partie supérieure de la coupe, même quant au nombre des rangées de cellules.

Dans les spécimens où la surface cellulaire est le mieux conservée, les ouvertures des cellules sont relativement grandes, rondes ou ovales, et elles sont limitées par un bord légèrement surélevé ; une crête filiforme et onduleuse serpente entre elles et divise les espaces intermédiaires en losanges. Le nombre des rangées de cellules situées immédiatement en avant des bifurcations s'élève parfois jusqu'à dix, et dépasse ordinairement deux après la séparation. Les ouvertures des cellules des rangées latérales font saillie dans l'intérieur des mailles, et les connexions transversales sont quelquefois celluleuses. Les intervalles compris entre les ouvertures, ainsi que les crêtes ondulées, sont granuleuses ou portent de très petits tubercules. Dans l'intérieur les cellules présentent la disposition oblique habituelle, elles se recouvrent les unes les autres et s'arrêtent brusquement à la partie dorsale de la branche. Les empreintes parfaites de la surface cellulaire offrent l'inverse des caractères qui viennent d'être décrits ; mais le plus habituellement les empreintes ne présentent guère d'autre trace de structure que des rangées longitudinales d'ouvertures circulaires.

Sur la couche interne de la surface non celluleuse on peut découvrir quelquefois vingt fibres parallèles bien nettes, séparées par des sillons étroits ou par les moules qui leur correspondent ; et leur nombre est toujours considérable. L'état de conservation de ces fossiles ne permettait pas de découvrir la véritable nature des fibres, mais on déduit d'observations faites sur d'autres espèces qu'elles sont tubulaires. Leur taille est considérable, mais dans le spécimen qui montre leur structure de la manière la plus complète elles sont fréquemment coupées par des ouvertures circulaires. Leur surface arrivée à l'état parfait est finement granuleuse. La couche externe ou partie postérieure des branches est formée d'une croûte uniforme sans aucune trace de fibres, mais couverte de nombreuses papilles microscopiques avec des pores correspondants qui pénètrent la substance de cette couche.

Les seules traces de vésicules gemmulifères sont de petites cavités accidentellement situées au-dessus de la bouche et dont la position correspond à celle que les vésicules considérées comme gemmulifères occupent dans d'autres genres celluleux. Des moules de cavités semblables sont répandus fort uniformément entre les empreintes des bouches, sur le spécimen russe dont on a parlé .plus haut.

On n'a pas observé le corail à son état le plus jeune, et on n'a constaté aucun changement notable provenant de l'âge de l'organisme, à l'exception de l'épaississement graduel de la surface non celluleuse, à la suite de son recouvrement par la couche fibreuse.

Les spécimens sont empâtés dans un calcaire gris-sombre écailleux ou terreux.

2. — Fenestella internata, Sp. n.

Cupuliforme ; surface cellulifère interne; branches dichotomes, comprimées, de largeur variable ; mailles oblongues, étroites; 2 à 5 rangées de cellules séparées par des crêtes longitudinales; connexions transversales courtes, sans cellules ; surface non celluleuse; couche interne fortement fibreuse, couche externe finement granuleuse.

Cette espèce se distingue facilement de *Fen. ampla* par la délicatesse de sa structure; il y a en outre des différences très nettes dans le nombre des rangées de cellules qui varie de deux à cinq, et dans leur mode de développement. Elle paraît avoir atteint des dimensions considérables, car on a observé des fragments longs de 1 pouce et demi et large de 1 pouce.

Les branches ont une largeur variable, elles s'élargissent graduellement dans la direction des bifurcations, mais sans aucune altération de la forme ou de la dimension des mailles, et, pour autant que l'état des spécimens permette d'en juger, il ne survenait aucun changement notable pendant le développement de la coupe, sauf celui que nous allons exposer. A la surface cellulifère des branches il se produit des modifications importantes mais uniformes entre les bifurcations successives. Sur une faible longueur au-dessus du point de séparation la branche est étroite et anguleuse, elle porte une crête longitudinale parallèle à son axe, et il n'y a qu'une seule rangée d'ouvertures sur chaque face. A mesure que la branche se développait, la crête s'élargissait et devenait finalement cellulifère ; une ligne d'ouvertures naissait à la place qu'elle occupait *(internata)*. Les trois rangées d'ouvertures cellulaires étaient alors séparées sur la branche par deux crêtes, et le développement continuant, celles-ci s'élargissaient à leur tour et devenaient celluleuses, les cinq rangées étant séparées par quatre crêtes. Cette phase semble représenter la dernière période de l'accroissement, car elle était suivie immédiatement d'une nouvelle bifurcation. La partie la plus ancienne de la coupe ne porte d'ordinaire que deux ou trois rangées de bouches ; et, lorsqu'il en existe un plus grand nombre, on peut observer une certaine irrégularité dans leur disposition linéaire résultant de l'expansion latérale de la branche.

Dans les spécimens les mieux conservés les bouches sont relativement grandes, rondes ou ovales, et leurs bords sont faiblement relevés. Celles des rangées médianes sont parallèles ou presque parallèles, et disposées dans la direction de l'axe de la branche ; mais dans les rangées latérales elles sont souvent placées obliquement et s'inclinent vers les mailles. Sur ces spécimens presque intacts les crêtes de subdivision sont filiformes et légèrement ondulées, mais il n'existe pas de traces des compartiments en losanges, qui se montrent si distinctement chez *Fenestella ampla*. Les espaces intermédiaires entre les bouches sont planes ou légèrement convexes. Dans des spécimens moins bien conservés ou privés de leur surface primitive, les bouches n'offrent pas une figure uniforme et n'ont pas de bord en saillie. Les crêtes de subdivision sont aussi relativement plus larges ; et la surface entière, y compris les connexions latérales, est granuleuse ou finement tuberculée.

La couche interne de la surface non celluleuse est très fibreuse, et l'on peut découvrir la même structure. plus ou moins nettement accusée dans les connexions latérales. Le nombre des fibres ne paraît pas dépasser douze par branche, et elles sont en général moins nombreuses. Leur longueur est considérable, car des fibres additionnelles s'intercalent lorsque la branche s'élargit ; et leur surface est garnie de très petits tubercules. On n'a pas observé d'ouvertures circulaires isolées. La couche extérieure est uniformément granuleuse quand elle est complètement développée, mais on peut suivre sur un même spécimen toutes les phases intermédiaires depuis l'état fibreux fortement accusé jusqu'à l'état granuleux.

On n'a pas observé de traces distinctes de vésicules gemmulifères, mais sur un spécimen qui porte, à ce que l'on croit, des empreintes de cette espèce, on peut observer accidentellement, près des bouches, des moules hémisphériques à surface parfaitement arrondie, qui ne sont évidemment pas reliés directement avec l'intérieur des cellules, et que l'on considère comme représentant peut-être ces vésicules. *Fenestella internata* semble être un fossile abondant; une pierre plate mesurant environ 8 pouces de longueur et 6 de largeur est couverte, sur les deux faces, de fragments de ce corail, et il existe dans la collection un grand nombre de fragments plus petits.

La roche encaissante est constituée ordinairement par un schiste argilo-calcareux gris, mais elle consiste parfois en un calcaire écailleux ou en une pierre argileuse dure et ferrugineuse ou faiblement colorée.

3. — Fenestella fossula, Sp. n.

Capuliforme, surface cellulifère interne ; branches dichotomes déliées ; mailles ovales ; deux rangées de cellules ; connexions transversales non celluleuses ; couche interne de la surface non cellulifère finement fibreuse ; couche externe polie ou granuleuse.

Par son aspect général et les détails de sa structure cette espèce offre une grande ressemblance avec *Fenestella flustracea* de la dolomie d'Angleterre (*Retepora flustracea, Geological Transactions*, 2e série, vol. VII, pl. XII, fig. 8), mais elle en diffère par le caractère particulier que présente le moule de la surface cellulifère dont nous indiquerons la nature en décrivant cette surface.

Le spécimen principal est une coupe presque intacte haute de 1 pouce et demi et mesurant environ 2 pouces de diamètre dans la partie comprimée la plus large. On n'observe pas de variations notables des caractères, mais quelquefois des irrégularités de croissance, dues probablement à des accidents survenus pendant le développement progressif de l'organisme.

Les caractères que nous indiquons ici ont été observés sur des moules, car on n'a pas rencontré de surface parfaite. Les dimensions des branches sont fort uniformes, elles ne s'élargissent que très légèrement aux points de bifurcation qui sont éloignés les uns des autres, et leur épaisseur était vraisemblablement presque égale à leur largeur. Le moule de la surface cellulaire est traversé dans le sens de son axe par une rigole étroite à bords aigus (*fossula*), à parois presque verticales, caractère distinctif entre cette espèce et *Fen. flustracea*. Les moules cylindriques des ouvertures ou de l'intérieur des cellules sont disposés sur un seul rang de chaque côté de la rigole, et on ne peut pas observer nettement une augmentation de leur nombre aux bifurcations. Le long de l'axe de la rigole il y a une rangée d'indentations ou de petites cavités coniques, caractère que l'on constate dans d'autres espèces, particulièrement dans *Fen. flustracea*. Ce ne sont évidemment pas les moules d'ouvertures de cellules, mais de papilles relativement grandes. On a observé des traces de saillies de ce genre dans plusieurs autres cas.

Sur le petit fragment garni d'ouvertures que l'on a trouvé, ces ouvertures sont grandes, rondes, et font une faible saillie, elles ne sont pas fort éloignées les unes des autres, et le même petit fragment porte une crête imparfaitement développée. Les restes de la surface non celluleuse ne présentent pas de caractères qui méritent d'être signalés, mais on a observé des traces d'une couche striée unie.

Les deux spécimens qui ont fourni ces détails de structure sont engagés dans un calcaire dur de couleur sombre.

Hemitrypa sexangula. Sp. n.

Réseau fin, hexagonal ; mailles rondes en rangées doubles.

Le corail auquel s'appliquent ces caractères incomplets est empâté dans la surface schistoïde d'un calcaire dur de couleur sombre. Il a environ 1 pouce de largeur et un demi-pouce de hauteur, et consiste en deux réseaux superposés, l'un à mailles quadrangulaires et l'autre à mailles hexagonales, avec une aire intérieure arrondie ; le réseau quadrangulaire a été enlevé sur une partie considérable du spécimen, de sorte que le contact des deux structures est bien visible.

On admet que les caractères génériques essentiels de

ce fossile s'accordent entièrement avec ceux d'*Hemitrypa* (Pal. Foss. Cornwall, p. 27), mais son bon état de conservation et certaines facilités qui en résultaient pour la détermination des détails de structure ont fait prévaloir, au sujet de sa nature, une opinion un peu différente de celle qui est exposée dans l'ouvrage que je viens de citer.

La surface interne d'*Hemitrypa oculata* (loc. cit.) est décrite comme « portant des crêtes radiées », et possédant « des dépressions intermédiaires ovales qui ne pénètrent qu'à la moitié de l'épaisseur de la substance du corail, et n'atteignent nulle part la surface externe ». La partie équivalente du spécimen de la Terre Van Diemen correspond parfaitement à cette description, sauf quant à la forme des mailles ou dépressions ; pourtant il n'est pas simplement « semblable à quelques Fenestellæ », mais il présente tous les caractères essentiels de ce genre, et l'on croit que c'est un fragment de *Fen. fossula*. On est arrivé à cette conclusion par l'étude d'un petit fragment détaché mécaniquement, et qui portait une rangée de grandes ouvertures rondes faisant saillie. La surface externe d'*Hem. oculata* est décrite comme « complètement couverte de nombreux pores ou cellules ronds » — « disposés en rangées doubles », et l'on a constaté que la partie correspondante d'*Hem. sexangula* consiste aussi en une surface semblable formée de doubles rangées de mailles rondes ou « pores » mais à contours hexagonaux, et l'on voit sur le spécimen engagé dans sa gangue qu'ils pénètrent jusqu'à la surface de la Fenestella ou réseau quadrangulaire.

Ces détails de structure ont paru suffisants pour établir un rapport générique entre le corail de la Terre Van Diemen et *Hemitrypa oculata*; et l'examen d'un spécimen de ce genre provenant d'Irlande a confirmé pleinement les détails de structure que montre la « surface interne » du spécimen auquel on donne provisoirement le nom d'*Hemitrypa sexangula*.

Aucune opinion n'a été formulée sur la véritable nature du réseau « externe ». Il est formé presque en totalité d'une matière calcaire gris sombre qui paraît remplir les vides d'un organisme à structure originairement celluleuse; mais on a observé aussi quelques petites plages de la couverture externe qui consistent en une croûte blanche opaque, sur la surface primitivement en contact avec le réseau externe. Il ne paraît pas douteux que ce soit un parasite, et la similitude intéressante qui existe entre l'espace occupé par la double rangée de mailles et par les branches parallèles de la Fenestella, provient probablement de ce que ce dernier corail a présenté des lignes de base favorables pour la fixation de l'Hemitrypa. Dans le spécimen de la Terre Van Diemen le rapport est décélé par un accroissement de la largeur du réseau et par une rangée de points saillants. Il existe aussi une concordance remarquable entre la disposition des ouvertures de la Fenestella et les mailles du réseau « interne ». Des concordances de ce genre sont admirablement représentées dans les excellentes figures de M. Phillips (*Pal. Fos*, pl. XIII, fig. 38).

Les parties solides de l'organisme étant excessivement fines, au point de ressembler au fil de la dentelle la plus délicate, les essais que l'on a tentés pour découvrir des caractères intérieurs satisfaisants ont échoué, excepté en un endroit où l'on a cru reconnaître une véritable disposition cellulaire (1). Rien non plus n'a été déterminé au sujet de la croûte de revêtement.

Quoique l'on puisse faire des objections à l'application du nom d'Hemitrypa à ces coraux, on a cru devoir conserver le mot, jusqu'à ce que les caractères du genre aient été déterminés d'une manière complète.

(1) On a constamment fait usage d'une loupe Codrington d'un demi-pouce de diamètre, pour l'étude des coraux décrits dans cette notice.

FIN

TABLE

18-5-01. — Tours, imp. E. Arrault et Cⁱᵉ.

www.ingramcontent.com/pod-product-compliance
Ingram Content Group UK Ltd.
Pitfield, Milton Keynes, MK11 3LW, UK
UKHW021020140726
13695UKWH00001B/371